Pocket Power

Edgar Dietrich
Stephan Conrad

Eignungsnachweis von Messsystemen

4., überarbeitete Auflage

HANSER

Bibliografische Information der Deutschen Nationalbibliothek
Die Deutsche Nationalbibliothek verzeichnet diese Publikation in der Deutschen Nationalbibliografie; detaillierte bibliografische Daten sind im Internet über http://dnb.d-nb.de abrufbar.

ISBN 978-3-446-44331-0
E-Book-ISBN 978-3-446-44378-5

Vilshofener Straße 10 | 81679 München | info@hanser.de
www.hanser-fachbuch.de
Gesamtlektorat: Dipl.-Ing. Volker Herzberg
Herstellung: Jörg Strohbach
Satz: Heide Mesad, Q-DAS® GmbH & Co. KG
Coverkonzept: Marc Müller-Bremer, Rebranding, München
Umschlaggestaltung: MCP | Susanne Kraus GbR, Holzkirchen
Druck und Bindung: CPI Books GmbH, Leck
Printed in Germany

E-Book inklusive

Mit folgendem Code können Sie die E-Book-Ausgabe dieses Buches downloaden:

gpvfi-75au1-qcwfq-4vllo-emdre

Registrieren Sie sich unter

plus.hanser-fachbuch.de/ebookinklusive

Das E-Book können Sie auf Ihrem Rechner*, Tablet-PC und E-Book-Reader nutzen.

* Systemvoraussetzungen: Internet-Verbindung und Adobe® Reader®

Vorwort zur 4. Auflage

Abweichend von der üblichen Vorgehensweise haben wir aus Platzgründen beschlossen, in diesem Buch weiterhin die Vorworte zu älteren Auflagen nicht abzudrucken. Schließlich soll es ein „Taschenbuch“ im wahrsten Sinne des Wortes bleiben, passend selbst für die Hemdtasche auf dem Weg zum nächsten Meeting und den Gang durch die Fertigung.

Bei der Neubeschaffung bzw. Neueinrichtung von Messsystemen ist der Eignungsnachweis Voraussetzung für den Einsatz eines Messgerätes. Der Nachweis basiert auf statistischen Methoden die bis heute nicht in der Art genormt sind, wie sie in den Unternehmen zum Standard geworden sind. Von daher sind in verschiedenen Konzernen unterschiedliche Vorgehens- und Betrachtungsweisen entstanden. Um das Jahr 2000 wurde von einem Arbeitskreis der Automobilindustrie zu diesem Thema ein Leitfaden [14] für eine einheitliche Vorgehensweise erstellt (siehe www.q-das.de, „Download-Center“). Hierauf basierend werden in den folgenden Abschnitten die einzelnen Schritte der Abnahme bzw. Beurteilung von Messsystemen erläutert und zur besseren Verständlichkeit durch Fallbeispiele untermauert. Parallel dazu werden die Methoden der AIAG Core Tool MSA 4th Edition (2010) diskutiert und Verbindungen zum VDA Band 5 „Prüfprozesseignung“ (2011) hergestellt.

In der 4. Auflage dieses Buches wird darüber hinaus vermehrt Wert auf die Berücksichtigung von „Stolperfallen“ der MSA gelegt und Tipps zu Sonderfällen werden aufgezeigt. Zusammenfassend sind in diesem Buch die wichtigsten Grundlagen der aktuellen Richtlinien aus der Automobilindustrie beschrieben.

Sämtliche Bildschirmausdrucke stammen von dem Q-DAS® Produkt solara.MP® (www.q-das.de). Damit können Anwender von solara.MP® und destra® die Vorgehensweisen mit Testbeispielen nachvollziehen. Für Fragen stehen Ihnen die Autoren per Email an stephan.conrad@teq.de gerne zur Verfügung.

Weinheim, August 2014

Edgar Dietrich
Stephan Conrad

Inhaltsverzeichnis

1 Einleitung

In einem Unternehmen gibt es mindestens zwei Managementprozesse, die sicherstellen sollen, dass Messungen zur vertrauenswürdigen Beurteilungen von Maschinen, Prozessen und Produkten herangezogen werden können.

Im Rahmen der Prüfmittelüberwachung müssen Messgeräte und Prüfmittel regelmäßig auf die Einhaltung von Grenzwerten und Sicherstellung von Eigenschaften geprüft werden, die in Normen oder Herstellervorgaben festgeschrieben sind. Diese Prüfung wird in festzulegenden Zeitintervallen wiederholt.

Ähnlich wie bei der zweijährigen HU für Kraftfahrzeuge wird dadurch aber nur sichergestellt, dass die technischen Anforderungen an das Mess- oder Prüfmittel erfüllt sind.

In einem weiteren Schritt muss für jeden Serienmess-/Serienprüfprozess, bei dem dieses Mess-/Prüfmittel eingesetzt wird, ein Nachweis geführt werden, dass er für diesen spezifischen Anwendungsfall geeignet ist. Laut ISO/TS 16949 [10] bezieht sich diese Anforderung auf alle im Produktionslenkungsplan (Control Plan) genannten Mess- und Prüfprozesse.

Um diesen Nachweis zu führen, wurden Mitte der 1980er Jahre in der Industrie sogenannte Messsystemfähigkeitsuntersuchungen oder Messsystemanalysen eingeführt und weiterentwickelt. Anhand praktischer Versuche und einfacher Formeln werden Kennwerte bestimmt. Basierend auf diesen Ergebnissen kann die Entscheidung für den Einsatz bzw. die Abnahme eines Messsystems getroffen werden.

Beispiel: Es könnte sich herausstellen, dass die Messung der Länge einer mit 50 ± 0,5 mm spezifizierten Spiralfeder mit einem überwachten Messschieber auf Grund undefinierter Messkräfte nicht möglich sein wird. Das Prüfmittel ist überwacht und freigegeben, der Prüfprozess für diesen Anwendungsfall allerdings nicht geeignet.

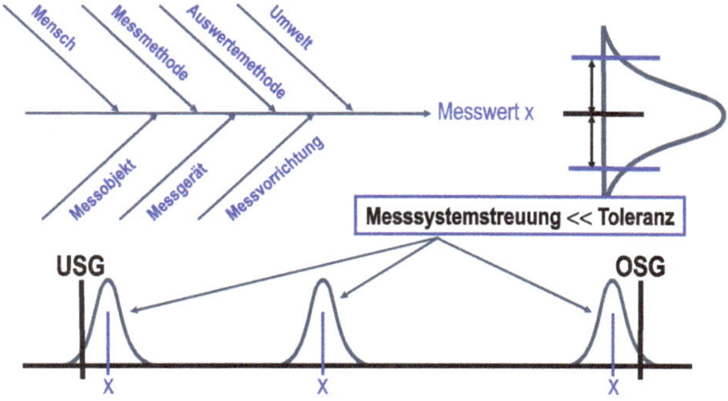

Abb. 1-1: Messsystemstreuung im Verhältnis zur Toleranz

2 Messsystem und Messprozess

Laut AIAG Core Tool MSA [1] ist das Messsystem „die Zusammenfassung aller Einflusskomponenten zur Ermittlung eines Messwerts für ein Merkmal: Verfahren, Ablaufschritte, Messgeräte und weitere Ausrüstung, Hilfsmittel, Normal, Software und Personal, welche dazu benutzt wird, um dem gemessenen Merkmal einen Zahlenwert zuzuweisen. Mit anderen Worten: der vollständige Prozess zur Erfassung von Messwerten." In dieser Sichtweise sind Messsystem und Messprozess identisch.

Nach ISO/IEC Guide 99, dem internationalen Wörterbuch der Metrologie (VIM) [9], ist das Messsystem eine "Kombination aus Messgeräten und oft anderen Geräten sowie bei Bedarf Reagenzien und Versorgungseinrichtungen, die so angeordnet und angepasst sind, dass sie Information liefern, um Messwerte innerhalb bestimmter Intervalle für Größen bestimmter Arten zu erhalten".

Diese Messung (measurement) ist nach VIM „der Prozess, bei dem einer oder mehrere Größenwerte, die vernünftigerweise einer Größe zugewiesen werden können, experimentell ermittelt werden".

Ein Prozess ist nach ISO 9000:2005 ein „Satz von in Wechselbeziehung oder Wechselwirkung stehenden Tätigkeiten, der Eingaben in Ergebnisse umwandelt". Für einen Messprozess ist die Eingabe das Prüfobjekt und die Ausgabe der Messwert oder das Messergebnis. Die Begriffe Messsystem und -prozess folgen im Umfeld der Messsystemanalyse also nicht den Normdefinitionen und werden oft synonym benutzt. Bei anderen Vorgehensweisen sind diese Komponenten strikt zu trennen.

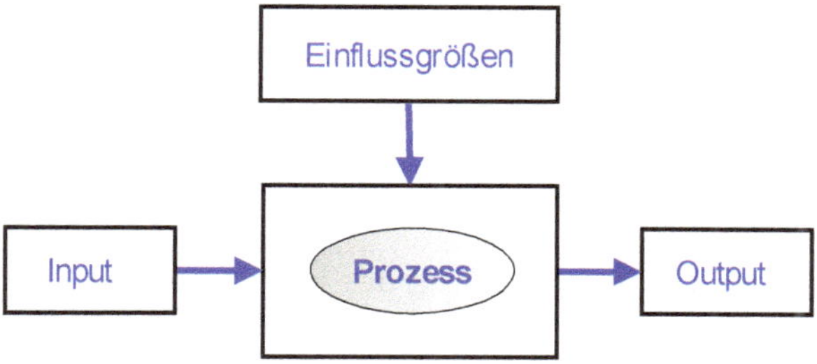

Abb. 2-1: Prozessbegriff

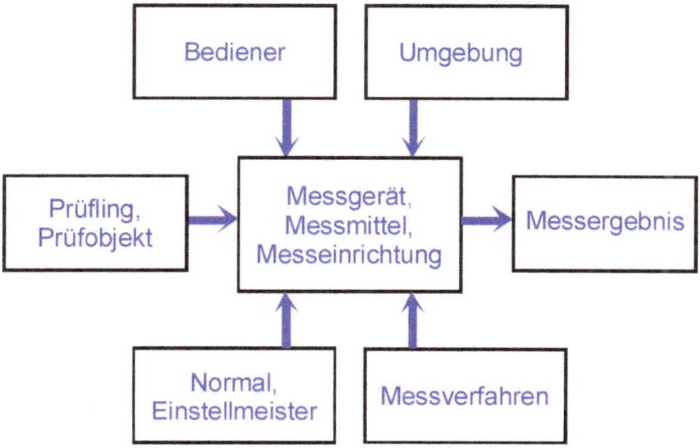

Abb. 2-2: Definition Messsystem nach AIAG Core Tool MSA [1]

3 Vorgehensweise in der Übersicht

3.1 Abfolge

Die Vorgehensweise bei Messsystemanalysen nach dem abgebildeten Flussdiagramm wurde von der Automobilindustrie entwickelt und liegt den betreffenden Firmenrichtlinien zugrunde.

Vor Start der ersten Versuche ist die Auflösung der Anzeige des Messmittels zu bewerten.

Es folgen Verfahren 1 (C_g/C_{gk}) und/oder die Linearitätsstudie zur Ermittlung der systematischen Messabweichung an einem Punkt im oder an mehreren Punkten über den gesamten Anwendungsbereich (Toleranz). Darüber hinaus geben diese Verfahren erste Informationen zur Wiederholpräzision. Eine Linearitätsstudie kann anstatt oder in Verbindung mit Verfahren 1 durchgeführt werden (siehe dazu Kapitel 4.4).

Im nächsten Schritt wird die „Gage Repeatability and Reproducibility“ GRR mit Verfahren 2 oder 3 ermittelt. Verfahren 2 ermittelt die Anteile aus Wiederholpräzision EV, Vergleichspräzision AV und Wechselwirkung IA. Bei eindeutig nicht durch Bediener beeinflussbaren Messsystemen wird das Verfahren 3 durchgeführt, das nur die Wiederholpräzision EV ermittelt.

Die Messbeständigkeit (Stabilität) sichert den Messprozess über den gesamten Anwendungszeitraum.

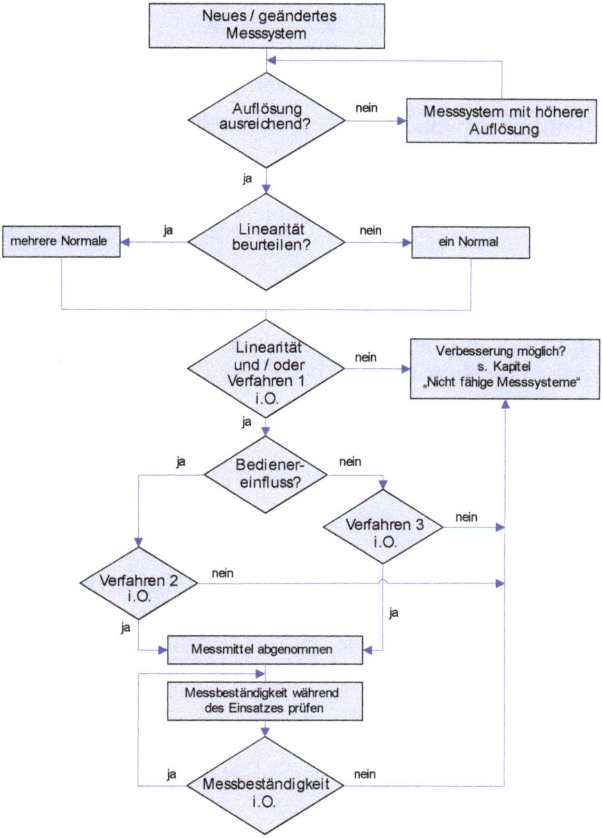

Abb. 3-1: Standardablauf Messsystemanalyse

3.2 Vorbereitung

Vor Start einer Fähigkeitsuntersuchung sollten einige grundlegende Aspekte geklärt werden.

Funktionsprobe: Ist frühzeitig in der Entwicklung oder Beschaffungsphase mit einem realen Messobjekt (und nicht mit einem idealisierten Referenzteil oder Normal) durchzuführen, insbesondere bei komplexeren Messeinrichtungen direkt beim Hersteller.

Referenzteile/Normale: Für Verfahren 1 und Linearitätsstudie müssen Referenzteile vorliegen, die ausreichend stabil sind und deren Referenzwert mit einer ausreichend geringen Messunsicherheit bestimmt wurde.

Messobjekte: Für Verfahren 2 und 3 müssen genügend Teile zur Verfügung stehen, die für die Dauer der Untersuchung unter Wiederholbedingungen messbar sind.

Stabilität: Für die Messbeständigkeitsuntersuchung muss min. ein langzeitstabiles Teil zur Verfügung stehen.

Vertrauensbereiche: Abhängig von der Relevanz des Merkmals ist festzulegen, wie viele Wiederholmessungen (V1-3), Teile und Bediener (V2/3), welche Stichprobengrößen und -intervalle (Stabilität) benötigt werden.

Verantwortlichkeiten: Verfahren 1 und Funktionsprobe können vorab vom/beim Hersteller durchgeführt werden. Am Einsatzort erfolgt eine vollständige Abnahme.

Einflussgrößen: Sind relevante Einflussgrößen zu erwarten, die in den hier geschilderten Verfahren nicht untersucht werden, so sind weitere Verfahren oder erweiterte Methoden der Messunsicherheit (z. B. nach VDA Band 5) anzuwenden.

Abb. 3-2: Messaufbau als Teil eines Messsystems

Messprozesse zur

- **Bewertung der Maschinen-/Prozessfähigkeit**

  Eine Bewertung nach MSA Kriterien (d.h. Messsystemstreuung <<T) ist ausreichend.

- **Konformitätsprüfung nach ISO 14253**

  Ist der Einsatz des Messsystems im Rahmen einer Konformitätsprüfung (z.B. Sortierprüfung) geplant, so ist eine vollständige Messunsicherheitsbestimmung erforderlich.

4 Die Verfahren

4.1 Auflösung des Messgerätes

Bevor eines der Verfahren durchgeführt werden kann, ist zu überprüfen, ob die Auflösung RE (Resolution) des Messgerätes ausreichend ist.

Die Auflösung des Messgerätes ist ablesbar

- als Ziffernschritt bei digitaler Anzeige und
- als Skalenteilung bei analoger Anzeige.

Forderung an die Auflösung:

- $\%RE \leq 5\%$ der Toleranz des Merkmals

Berechnung:

- $\%RE = \frac{RE}{RF} \cdot 100\%$
- RF Bezugsgröße (Reference Figure)
  hier Toleranz T

Auswirkungen bei ungeeigneter Auflösung sind:

- Fehlerhafte Schätzung der Lage und insbesondere der Streuung und damit fehlerhafte Fähigkeitskennwerte C_g und C_{gk} wie in Abb. 4-2 dargestellt.
- Fehlerhafte Bestimmung der Verteilung eines Fertigungsprozesses beim nachfolgenden Einsatz des Messsystems auf Grund unzureichender Detail-Informationen.

Beispiel:

Toleranzgrenzen

Oben	+ 208 m³/h
Unten	+ 202 m³/h
Anzeige	
Auflösung	0,01 m³/h

(ist bei letztem Digit „0“ zu überprüfen!)

$$\%RE = \frac{0{,}01\,m^3/h}{6\,m^2/h} \cdot 100\%$$

$$\%RE = 0{,}17\% \leq 5\%$$

Abb. 4-1: Berechnung %RE

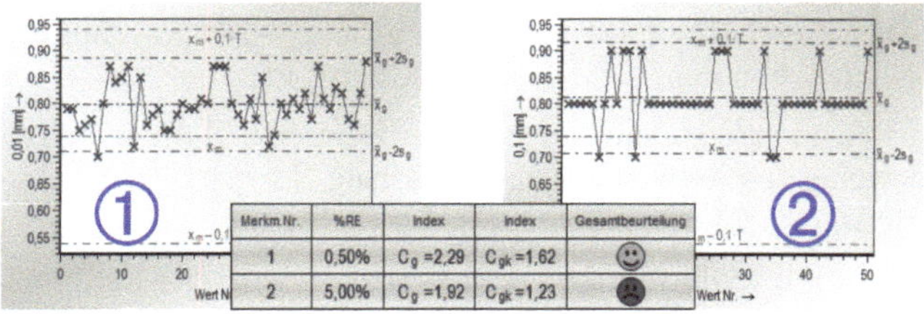

Merkm.Nr.	%RE	Index	Index	Gesamtbeurteilung
1	0,50%	C_g =2,29	C_{gk} =1,62	☺
2	5,00%	C_g =1,92	C_{gk} =1,23	☹

Abb. 4-2: Auflösung 0,01 und 0,1 im Vergleich

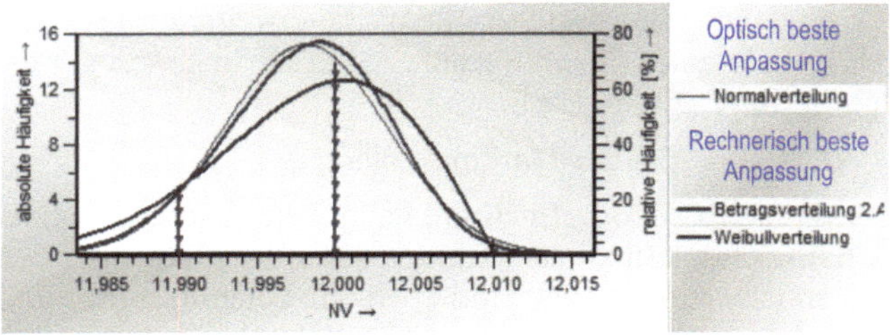

Abb. 4-3: Verteilungsanpassung scheitert bei nicht ausreichender Auflösung

4.1.1 Abweichende Anforderungen

Die AIAG MSA 4th Edition [1] nennt als Grenzwert 10%, weist allerding explizit darauf hin, dass als Referenz die Fertigungsprozessstreuung und nicht die Toleranz herangezogen wird.

Die ISO 26303 "Machine tools" [11] empfiehlt eine Auflösung %RE ≤ 3% der Toleranz.

4.2 Unsicherheit des Referenzteils

Aufgrund der Messkette weist jedes Normal eine Messunsicherheit auf, die umso größer wird, je weiter das Normal von dem „Ur“-Normal entfernt ist.

Jedes verwendete Normal oder Referenzteil muss auf das jeweilige nationale oder internationale Normal durch Kalibrierung rückführbar sein.

Durch Kalibrierung des Referenzteils wird der Referenzwert und die dazugehörige erweiterte Messunsicherheit U ermittelt.

Aus dem Kalibrierschein kann die erweiterte Messunsicherheit U entnommen werden. Als Erfahrungswert gilt die Forderung:

- U ≤ 5% der Merkmalstoleranz

Werden zwei oder mehrere kalibrierte Referenzteile beschafft, ist darauf zu achten, dass deren Ist-Maße über den Toleranzbereich verteilt sind (z. B. an Toleranzgrenze und Toleranzmitte). Ein Referenzteil wird dann zum Einmessen des Messsystems verwendet und ein weiteres für die Messsystemanalyse.

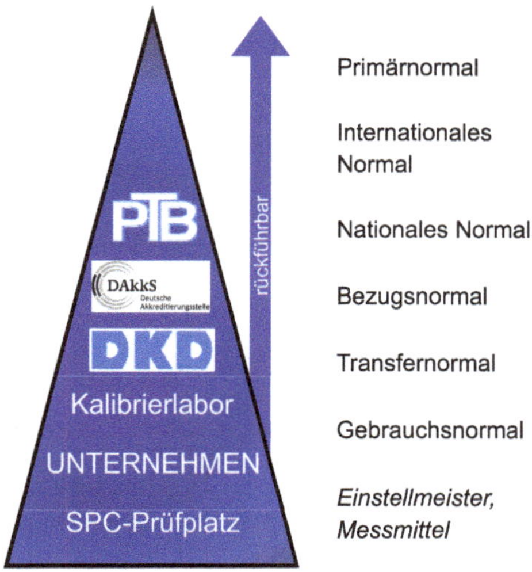

Abb. 4-4: Rückführbarkeit von Normalen

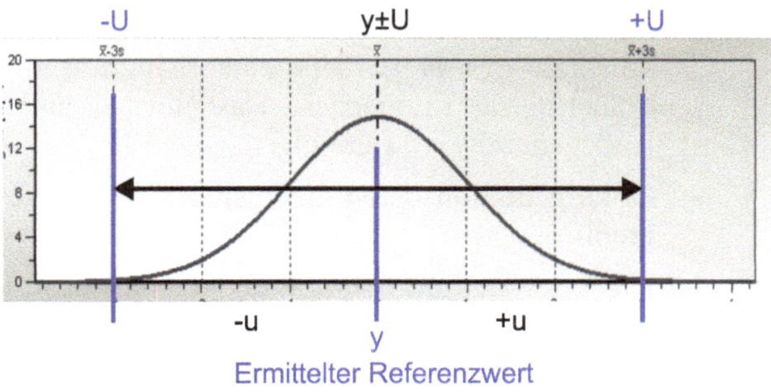

Abb. 4-5: Standardmessunsicherheit u und erweiterte Messunsicherheit U (k=2)

4.3 Verfahren 1: C_g/C_{gk}

Ziel der Untersuchung ist die Anbindung des Messsystems an die Kalibrierkette (Bezug zu nationalen und internationalen Normalen) und vornehmlich die Untersuchung der systematischen Messabweichung. Damit ist auch eine Beurteilung von Herstellerangaben möglich, insbesondere bei neuen Messsystemen oder nach Modifikationen.

4.3.1 Vorbereitung

- Die Forderung zur Auflösung des Messgerätes ist zu beachten.
- Auswahl eines geeigneten Referenzteils oder eines Normals, das das Messobjekt ausreichend verkörpert. Messunsicherheit und Rückverfolgbarkeit des Referenzteils/Normals sind zu beachten. Ein Prüfzertifikat muss vorliegen, die Kalibrierunsicherheit des Referenzteils/Normals ist zu dokumentieren.
- Die Messeinrichtung ist entsprechend den Vorschriften des Herstellers einzurichten und gebrauchsfertig zu machen. Das Normal und die Auflagefläche sind zu reinigen.
- Dokumentationsdaten bereitstellen (s. Flussdiagramm).
- Die Auswertekonfiguration in der Analysesoftware (z. B. solara®) nach Kundenforderung einstellen.

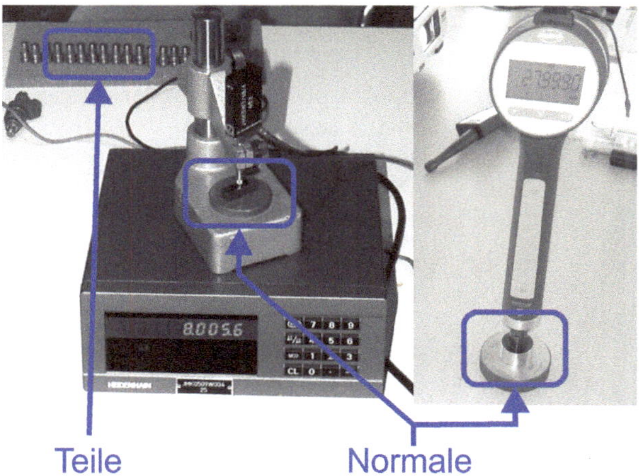

Abb. 4-6: Zwei Beispiele für Messaufbauten zu Verfahren 1

- Bei zweiseitig begrenzten Merkmalen sollte der Wert des Referenzteils in der Toleranzmitte liegen.
- Bei einseitig natürlich begrenzten Merkmalen (z. B. Rundheit) ist auf Grund der nicht normalverteilten Messwerte im Bereich der natürlichen Grenze ein Referenzteil in der Nähe der nicht-natürlichen Spezifikationsgrenze zu wählen.
- Bei einseitig begrenzten Merkmalen ohne weitere natürliche Grenze (z. B. Mindestkraft) ist ein Toleranzbezug wegen fehlender Toleranzbreite nicht möglich. Es ist eine plausible Toleranz zu ermitteln, eine andere Bezugsgröße zu wählen oder eine alternative Methode anzuwenden.

4.3.2 Ablauf

Bei Verfahren 1 werden mit dem Messgerät an einem Normal mehrere Wiederholmessungen (typisch 50, mindestens 25) durchgeführt. Aus der Messwertreihe werden Mittelwert und Standardabweichung berechnet. Diese ergeben in Bezug auf die Merkmalstoleranz die Qualitätsfähigkeitskenngrößen C_g und C_{gk}.

Andere Bezugsgrößen (z.B. die Prozessstreuung) sind nur in Sonderfällen sinnvoll anzuwenden. Mit dem C_g-Wert kann die Streuung und mit dem C_{gk}-Wert die systematische Messabweichung (unter Berücksichtigung der Streuung) bewertet werden.

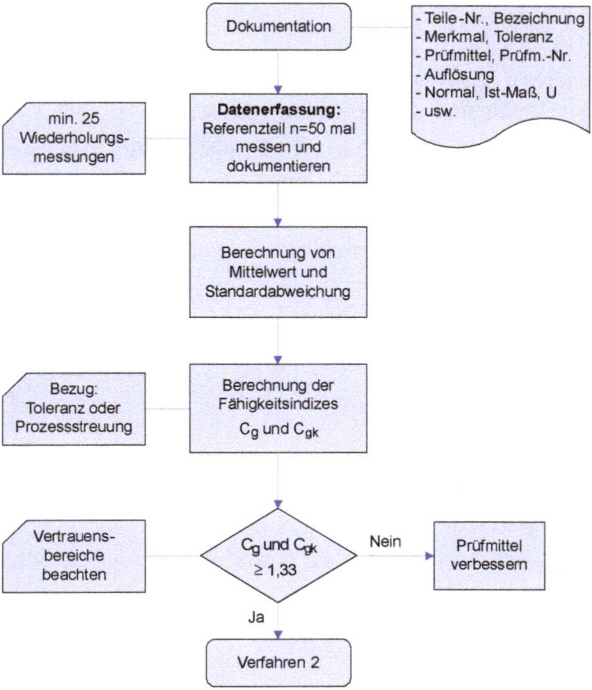

Abb. 4-7: Ablauf bei Verfahren 1

1. Schritt

Kopfdaten zur Identifikation, Istwert und Kalibrierunsicherheit des Normals sowie Spezifikationsgrenzen des Merkmals sind vollständig zu erfassen.

Die Daten müssen eine eindeutige Identifikation zur späteren Suche ermöglichen. Nur so können zu einem späteren Zeitpunkt die Daten für Vergleiche herangezogen werden.

Zur Auswertung unbedingt notwendig sind

- Istwert x_m des Normals
- Spezifikationsgrenzen / Toleranz
- Auflösung der Anzeige (ja nach Auswertekonfiguration)

2. Schritt

Die Messposition am Referenzteil/Normal ist zu kennzeichnen, zwangsweise zu positionieren oder zu beschreiben.

3. Schritt

Einstellung und Abgleich der Messeinrichtung nach der gültigen Vorschrift. Nach dem Abgleich sind keine Veränderungen an der Messeinrichtung mehr zulässig.

Erforderliche und *empfohlene* Mindestangaben bei der Datenerfassung:

- Bauteil
    - *Teilebezeichnung*
    - *Merkmalsbezeichnung*
    - Toleranz des Merkmals
- Normal
    - *Identnummer*
    - Istwert
    - *Messunsicherheit*
- Messsystem
    - *Identnummer*
    - Auflösung
- Verfahren
    - Bezeichnung
    - Anzahl Referenzmessungen

Abb. 4-8: Kopfdaten Verfahren 1

	Meßsystemanalyse Verfahren 1: Cg / Cgk - Studie	Seite 1/1

Akt. Dat.	Bearb.Name.	Abt./Kst./Prod.	Prüfort

Prüfmittel	Normal	Merkmal	
Bezeichnung	Bezeichnung	Bezeichnung	
Nummer	Nummer	Nummer	
Auflösung	Istwert	Nennm.	OSG
Prüfgrnd.	Einheit	Einheit	USG

Bem.

Abb. 4-9: Kopfdaten Verfahren 1 (Bericht)

4. Schritt

Es sind 50 Messungen (mindestens aber 25), vom selben Prüfer durchzuführen und zu erfassen. Nach jeder Messung ist darauf zu achten, dass das Referenzteil entnommen und wieder neu eingelegt wird. Die Antastungen sollten immer an der gleichen Stelle erfolgen.

Prinzipiell sollten die Messdaten eines Messgerätes automatisch an einen PC übertragen werden, um Eingabefehler zu reduzieren.

Zur vollständigen Dokumentation sollten Zusatzdaten erfasst werden. Dies können z.B. Uhrzeit, Datum und der Prüfername sein.

4.3.3 Berechnung

Zur Berechnung der Qualitätsfähigkeitskenngrößen C_g und C_{gk} sind mehrere Formeln bekannt. Daher ist bei der Angabe der Kennwerte die Berechnungsmethode zu dokumentieren.

Es sind folgende Berechnungsschritte erforderlich:

5. Schritt: Berechnung des arithmetischen Mittelwerts

$$\overline{x}_g = \frac{1}{n}\sum_{i=1}^{n} x_i \qquad i = 1, 2, 3, \ldots, n$$

6. Schritt: Berechnung der Standardabweichung

$$s_g = \sqrt{\frac{1}{n-1}\sum_{i=1}^{n}\left(x_i - \overline{x}_g\right)^2} \qquad i = 1, 2, 3, \ldots, n$$

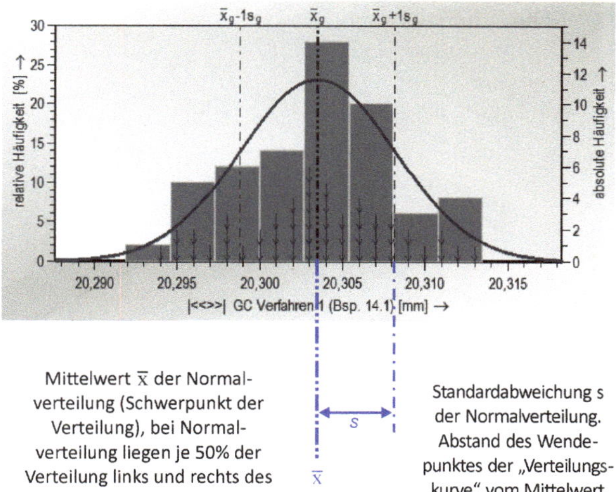

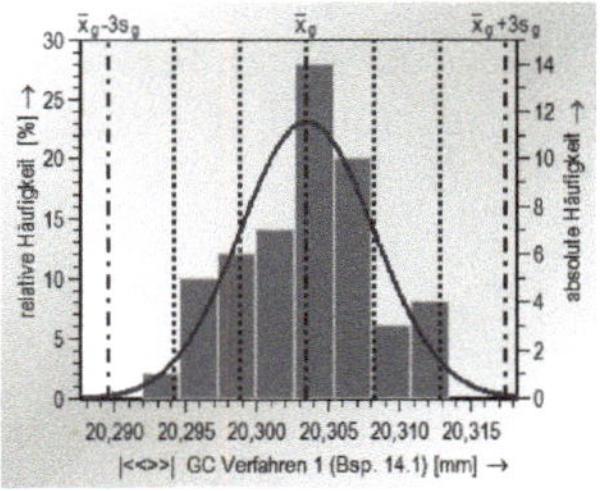

Bei der Normalverteilung findet man zwischen

± 1s	68,27%
± 2s	95,45%
± 3s	99,73%

der Anteilswerte

Abb. 4-10: Die Normalverteilung und ihre Kennwerte $\bar{x}$ und s

7. Schritt: Berechnung der systematischen Messabweichung

$$Bi = \left|\overline{x}_g - x_m\right| \text{ und } \%Bi = \frac{Bi}{T} \cdot 100\%$$

$\overline{x}_g$ = Mittelwert der Messungen
x_m = Istmaß des Normals

8. Schritt: Berechnung der Fähigkeitskennwerte

$$c_g = \frac{0{,}2 \cdot T}{4 \cdot s_g} \quad \text{und} \quad c_{gk} = \frac{0{,}1 \cdot T - Bi}{2 \cdot s_g}$$

4.3.4 Beurteilung der Ergebnisse

Bereits im grafischen Werteverlauf der Einzelwerte und im Wertestrahl kann die Eignung abgeschätzt werden. Weiter sind Ausreißer bzw. Trends oder andere systematische Veränderungen erkennbar. Werden Ausreißer erkannt, können diese für die Auswertung eliminiert werden. Die Gründe hierfür sind festzuhalten.

Beurteilung der Kennwerte

$C_{gk} \geq 1{,}33$

Das Messgerät ist fähig.

$C_{gk} < 1{,}33$

Das Messgerät ist nicht fähig.

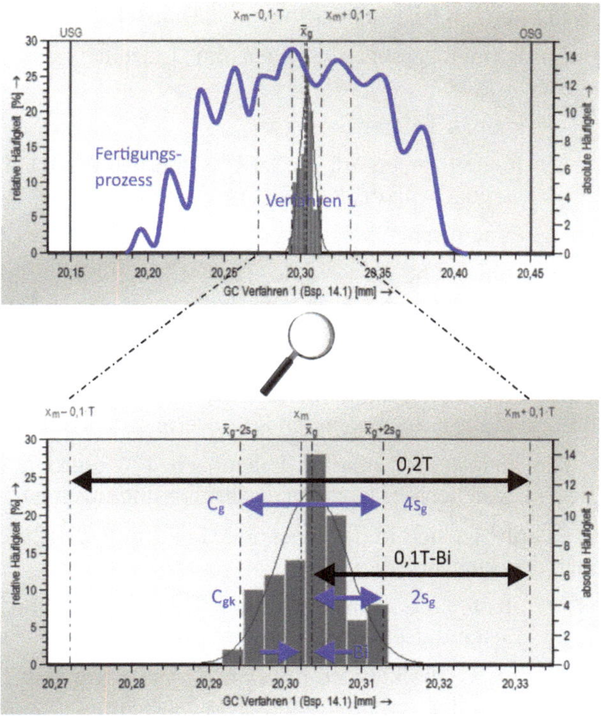

Abb. 4-11: Verfahren 1 - C_g und C_{gk} – Geometrischer Ansatz durch Vergleich von Toleranzanteilen mit Streubreiten

Der Fall $s_g = 0$ ist zu begründen (s. Abb. 4-12).

Ausnahmeregelungen können im Einzelfall getroffen werden z. B. bei

- kleinen Toleranzen
- Referenzteilen mit großer Unsicherheit (z. B. Härtevergleichsplatte, Rauheitsnormal)
- dynamischen Messungen

Die numerische Ausgabe in Abb. 4-13 zeigt die wichtigsten statistischen Kennwerte von Verfahren 1 sowie die Berechnungsformeln der Fähigkeitskennwerte. Bei der Gesamtbeurteilung wird in Klammern angegeben, auf welchen Kennwerten die Aussage beruht. Ist das Prüfsystem nicht fähig, sind die entsprechenden Kennwerte unterstrichen.

Die kleinsten prüfbaren Toleranzen T_{min} ergeben sich durch Umstellen der Formeln der Prüfbedingungen nach T.

Es ergeben sich in der Regel aus den drei Beurteilungen auch drei kleinste Toleranzen:

- aus C_{gk} die kleinste prüfbare Toleranz im aktuellen Zustand des Messsystems
- aus C_g die kleinste prüfbare Toleranz für den Fall, dass die systematische Messabweichung Bi korrigiert wurde
- aus %RE die kleinste prüfbare Toleranz auf Grund der begrenzten Auflösung der Anzeige, die dann zum Tragen käme, wenn Bias und Wiederholpräzision optimiert und vernachlässigbar klein wären.

Der Fall s_g=0 oder R_g=0 kann bedeuten:

- Fehler in der Messeinrichtung (z.B. Messtaster klemmt, Kabel ohne Kontakt, ...). Das Messsystem kann nicht freigegeben werden.
- Die Wiederholpräzision ist deutlich kleiner als die Auflösung der Messeinrichtung und kann deshalb nicht dargestellt werden. Falls %RE ausreichend klein ist und Fehler im der Messeinrichtung ausgeschlossen werden können, kann das Messsystem freigegeben werden.

Abb. 4-12: Keine Streuung bei Verfahren 1

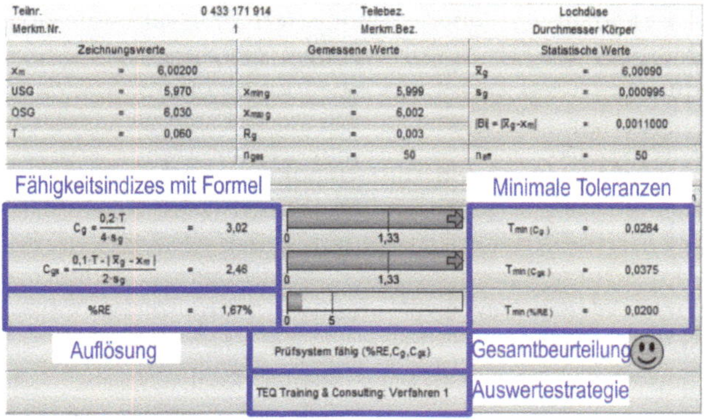

Abb. 4-13: Ergebnisse Verfahren 1

4.3.5 Kritische Punkte

x_m ist der „richtige Wert“ des Referenzteils, der „wahre Wert“ liegt i. a. mit 95% Wahrscheinlichkeit im Bereich der erweiterten Messunsicherheit ±U um x_m. Für eine sinnvolle Durchführung von Verfahren 1 muss U≪10%T sein, Empfehlungen reichen von U ≤ 1%T bis 5%T. Referenzteile müssen eine eindeutige Maßverkörperung aufweisen. Formfehler oder signifikante Streuung innerhalb eines Teils dürfen keine Auswirkungen haben, ansonsten sollte das Referenzteil durch ein Normal ersetzt werden.

Bei der Kalibrierung des Referenzteils ist die Messstrategie des zu beurteilenden Messsystems zu berücksichtigen. Einem per Zweipunktmessung ermittelten Durchmesser darf keine Referenz aus einem per Scanning berechneten Gaußkreis gegenübergestellt werden. Ähnlich kritisch sind Vergleiche optischer und taktiler oder dynamischer und statischer Messabläufe. Ist kein Referenzteil in ausreichender Qualität verfügbar, so sind alternative validierte Methoden oder Verfahren anzuwenden, mit denen die Rückführung des Messwertes auf einen anerkannten Standard sichergestellt werden kann.

Anstelle eines Referenzteiles kann auch eine genauere Referenzmessung Anwendung finden (z. B. Kraftmessdose bei Einpresskräften). Dann gilt $x_m = 0$, und $x_i = x_\Delta$ ist die Abweichung des angezeigten Messwertes zur Referenzmessung. Wegen der zwei Messsystemstreuungen muss die Streuung der Abweichungen s_Δ um einen Faktor $\sqrt{2}$ korrigiert werden: $s_g = s_\Delta / \sqrt{2}$.

Die Berechnung von C_g und C_{gk} erfolgt wie in 4.3.3. Diese Vorgehensweise wird in [12] Type-1A genannt.

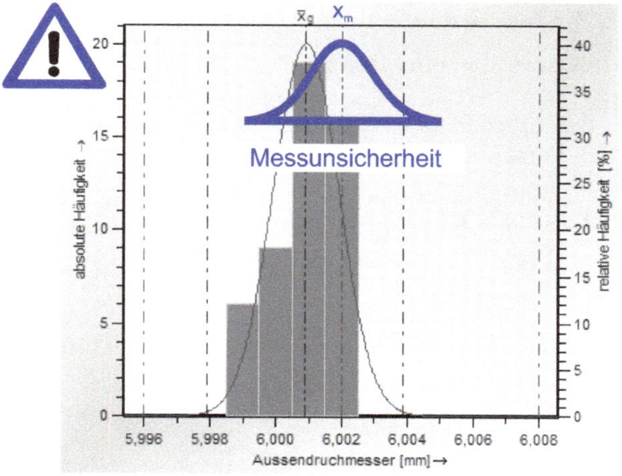

Abb. 4-14: Die Kalibrierunsicherheit des Normals kann zu einem großen Bias und damit nicht ausreichenden C_{gk} führen

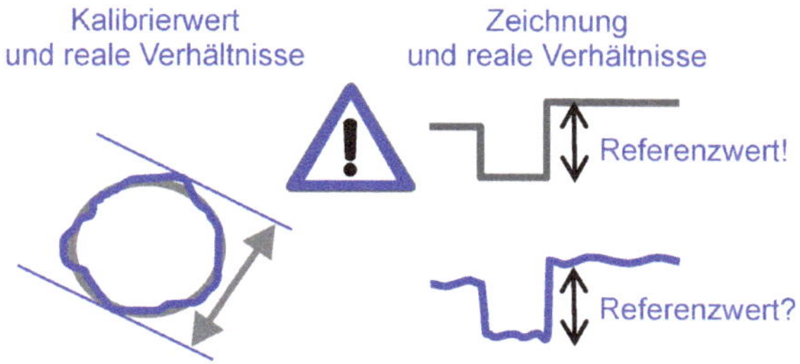

Abb. 4-15: Fehlerhafte Kalibrierungen von Referenzteilen können zu nicht ausreichenden C-Werten führen

4.3.6 Dokumentation der Untersuchung

Bericht über ein Merkmal

Das Ergebnis der Fähigkeitsuntersuchung ist umfassend zu dokumentieren. Dazu gehören:

- Kopfdaten zur Identifikation des Messverfahrens und Zuordnung zu der jeweiligen Messaufgabe
- Numerische Werte sowie deren grafische Darstellung
- Zusammenfassung der statistischen Kennwerte
- Beurteilung des Ergebnisses
- die verwendete Auswertemethodik
- Unterschrift mit Datum, um die korrekte Durchführung zu dokumentieren.

Hinweis:

Numerische Ergebnisse und insbesondere Messwerte in tabellarischer Form dienen Dokumentationszwecken und stellen für Analysen eher einen „Zahlenfriedhof" dar. Deshalb sollten die Einzelwerte auf jeden Fall in Form eines Werteverlaufs visualisiert werden. Ausreißer, Trends oder größere Schwankungen können so sehr schnell erkannt werden. Für den besseren Überblick empfiehlt es sich auch, die numerischen Ergebnisse in Form eines Histogramms mit Verteilungsdichtefunktion im Vergleich zu den Forderungen darzustellen.

TEQ	Messsystemanalyse Verfahren 1	Seite 1 / 1

Akt. Dat. 2014-08-06	Bearb.Name NN	Abt./Kst./Prod. NN	Prüfort

Prüfmittel		Normal		Merkmal	
Prfm.Bez.	JML0563W003	Normal Bez.	LY_0010W134#95	Merkm.Bez.	Durchmesser Körper
Prfm.Nr.	6702779470004	Normal Nr.	67027803290095	Merkm.Nr.	1
Prfm.Aufl.	0,001	Normal-Istw.	6,002	Nennm. 6,000	OSG 6,030 $\hat{=}$ 0,030
Prüfgrnd.		Einh.	mm	Einh. mm	USG 5,970 $\hat{=}$ -0,030

Bemerkung Manuelle Handhabung; Raumtemperatur 20,2 °C

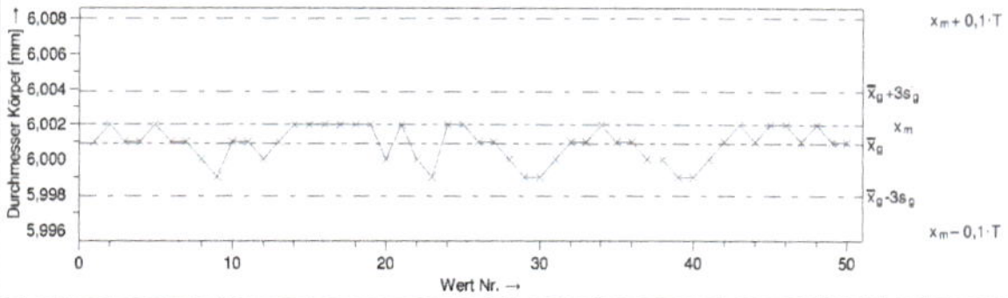

i	x_i	i	x_i	i	x_i	i	x_i	i	x_i
1	6,001	6	6,001	11	6,001	16	6,002	21	6,002
2	6,002	7	6,001	12	6,000	17	6,002	22	6,000
3	6,001	8	6,000	13	6,001	18	6,002	23	5,999
4	6,001	9	5,999	14	6,002	19	6,002	24	6,002
5	6,002	10	6,001	15	6,002	20	6,000	25	6,002
i	x_i	i	x_i	i	x_i	i	x_i	i	x_i
26	6,001	31	6,000	36	6,001	41	6,000	46	6,002
27	6,001	32	6,001	37	6,000	42	6,001	47	6,001
28	6,000	33	6,001	38	6,000	43	6,002	48	6,002
29	5,999	34	6,002	39	5,999	44	6,001	49	6,001
30	5,999	35	6,001	40	5,999	45	6,002	50	6,001

Zeichnungswerte			Gemessene Werte			Statistische Werte		
x_m	=	6,00200				$\bar{x}_g$	=	6,00090
USG	=	5,970	$x_{min\,g}$	=	5,999	s_g	=	0,000995
OSG	=	6,030	$x_{max\,g}$	=	6,002	$\lvert Bi \rvert = \lvert \bar{x}_g - x_m \rvert$	=	0,0011000
T	=	0,060	R_g	=	0,003			
			n_{ges}	=	50	n_{eff}	=	50

				Minimale Bezugsgröße für fähiges Prüfsystem		
$C_g = \frac{0,2 \cdot T}{4 \cdot s_g}$	=	3,02	0 — 1,33	$T_{min\,(C_g)}$	=	0,0264
$C_{gk} = \frac{0,1 \cdot T - \lvert \bar{x}_g - x_m \rvert}{2 \cdot s_g}$	=	2,46	0 — 1,33	$T_{min\,(C_{gk})}$	=	0,0375
%RE	=	1,67%	0 — 5	$T_{min\,(\%RE)}$	=	0,0200

Prüfsystem fähig (%RE, C_g, C_{gk})

TEQ Training & Consulting: Verfahren 1

Datum ______________ Unterschrift ______________ Abteilung ______________

2014-08-06 10 / 131127 GC_Verfahren.def Q-DAS / TEQ - intern Time Limited 90 days BOSCH_HEFT10_VERFAHREN_1.dfq

Abb. 4-16: Ausdruck Gesamtergebnis Verfahren 1

Bericht über mehrere Merkmale

In der Regel sind an einem Teil mehrere Merkmale zu beurteilen. Dabei ist es gleich, ob für die jeweiligen Merkmale verschiedene Messgeräte zum Tragen kommen oder ob das gesamte Teil über eine einzige Messvorrichtung (z. B. Drei-Koordinaten-Messgerät) vermessen wird. Hierfür empfehlen sich Darstellungen, bei denen die Kennwerte komprimiert visualisiert werden.

So können die wichtigsten statistischen Kennwerte tabellarisch dargestellt werden. Um wiederum dem „Zahlenfriedhof" zu entgehen, sollte das Gesamtergebnis der Beurteilung in einer separaten Spalte grafisch („Smiley") hervorgehoben werden.

Insbesondere für die Anzeige der Fähigkeitskennwerte C_g und C_{gk} ist eine „Übersicht der C-Werte" als Balkendiagramm hilfreich. Auch diese sind je nach Ergebnis farblich zu kennzeichnen.

Die wichtigsten statistischen Kennwerte können in Form eines Box-Plots grafisch dargestellt werden. Der Box-Plot zeigt einige Details wie Mittelwert, Streubreite des Messsystems, Größt- und Kleinstwert. Dadurch ist eine detailliertere Beurteilung des Messsystems möglich. Durch das Verhältnis „Streubreite zur Bezugsgröße" kann im Box-Plot die Fähigkeit grob abgeschätzt werden.

Anhand dieser Übersichtsgrafiken kann sehr schnell festgestellt werden, bei welchen Merkmalen das Messsystem Probleme bereitet. Hier wird man dann ins Detail einsteigen und einen Übersichtsausdruck zur Beurteilung des jeweiligen Merkmals heranziehen.

Teilnr.		14			Teilebez.			Testbeispiel 14	
Merkm.Nr.	Merkm.Bez.	n_{eff}	$\bar{x}_g$	R_g	$x_{min\,g}$	$x_{max\,g}$	Index	Index	Gesamtbeurteilung
14.1	Merkmal 14.1	50	20,30348	0,019	20,294	20,313	C_g = 1,72	C_{gk} = 1,56	☺
14.2	Merkmal 14.2	50	20,30348	0,019	20,294	20,313	C_g = 2,36	C_{gk} = 2,20	☺
14.3	Merkmal 14.3	50	20,30348	0,019	20,294	20,313	C_g = 2,15	C_{gk} = 1,99	☺
14.4	Merkmal 14.4	50	20,30348	0,019	20,294	20,313	C_g = 2,68	C_{gk} = 2,53	☺

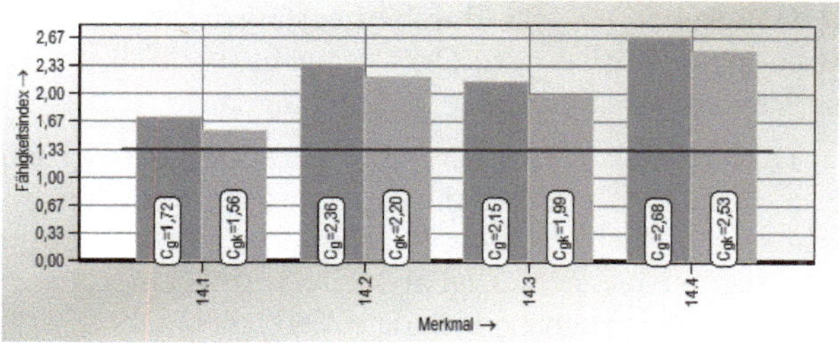

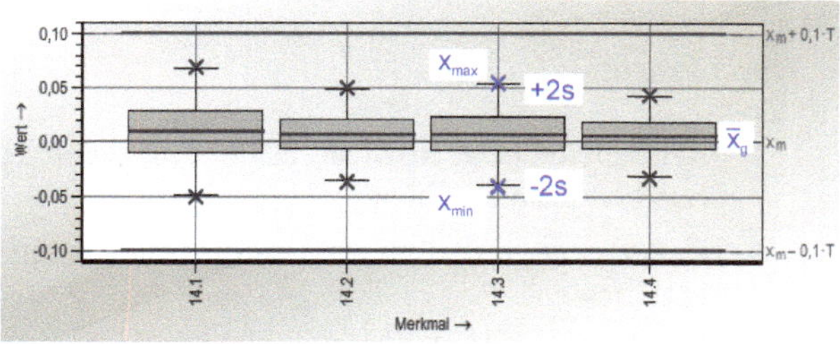

Abb. 4-17: Übersichtsdarstellungen

4.3.7 Test auf signifikanten Bias nach AIAG Core Tool MSA

Anstelle von Verfahren 1 wird nach AIAG Core Tool MSA [1] ein Test auf signifikanten Bias vorgeschlagen. Es soll festgestellt werden, ob ein errechneter Bias einen Hinweis auf eine signifikante Abweichung liefert oder ein zufälliges Resultat ist, das durch die statistische Wiederholstreuung erklärbar ist. Die Versuchsdurchführung entspricht Verfahren 1 mit $n \geq 10$ Messungen.

Durch einen t-Test wird der Vertrauensbereich basierend auf dem Vertrauensniveau von P=95% für die systematische Messabweichung Bi ermittelt. Die Nullhypothese, der Bias sei vernachlässigbar klein, wird nicht verworfen, wenn der Vertrauensbereich den Wert 0 beinhaltet.

Durchführung:

- Referenzteil bzw. Normal aus dem mittleren Toleranzbereich auswählen.
- Referenzteil mit dem Messmittel mindestens 10 Mal messen.
- Die numerische Auswertung umfasst $\overline{x}_g$, s_g und Bi sowie den Vertrauensbereich

  $$Bi \pm \frac{s_g}{\sqrt{n}} \cdot t_{n-1;1-\alpha/2}$$

  $t_{n-1;1-\alpha/2}$: oberer zweiseitiger Schwellenwert der t-Verteilung (t-Wert)
- Testbedingung prüfen

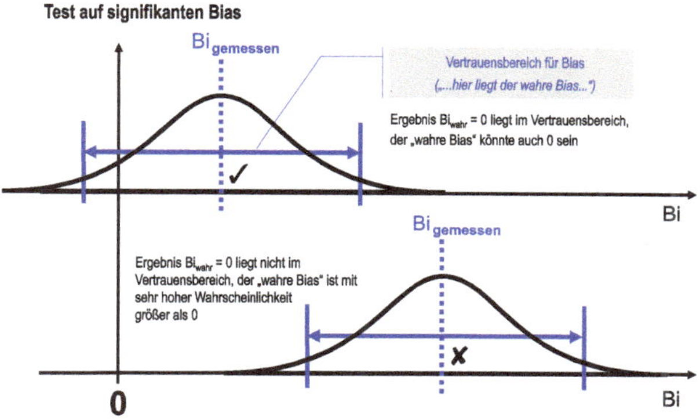

Abb. 4-18: Der Bias ist signifikant, wenn der Vertrauensbereich die Null nicht enthält.

Test auf systematische Messabweichung (Bias)				
H_0	Die systematische Messabweichung (Bias) ist 0			
H_1	Die systematische Messabweichung (Bias) ist größer 0			
Testniveau	=	α	=	5%
oberer kritischer Wert (α = 5 %)		2,01	Testergebnis : signifikant (α ≤ 5%)	
oberer kritischer Wert (α = 1 %)		2,68	[illegible]	
oberer kritischer Wert α = 0,1 %		3,50		
H_1* : Die systematische Messabweichung (Bias) ist größer 0				
Vertrauensbereich			Vertrauensniveau	
			1-α =	95,000%
Systematische Messabweichung (Bias)	=	Bi	=	0,00015663 ≤ **0,0014800** ≤ 0,0028034
0	0,00015663			0,0028034

Abb. 4-19: Test auf signifikanten Bias

Vorteile des Verfahrens

- Das Verfahren überprüft, ob gefundene Ergebnisse für Bi signifikant oder zufällig und damit vernachlässigbar sind.

Nachteile des Verfahrens

- Ist der Bias signifikant, so gilt das Messsystem als nicht geeignet, ohne dass der absolute Wert des Bias bewertet wird.
- Viele Messsysteme erhalten im Justiervorgang (Normalübertrag) einen geringen, im Allgemeinen nicht relevanten Bias aus der Wiederholstreuung des Geräts, der unvermeidbar und meist nicht schädlich ist.
- Bei einem t-Test wird der Vertrauensbereich mit zunehmendem Stichprobenumfang kleiner, so dass auch ein geringer Bias als signifikant interpretiert wird. Mit der Anzahl der Messungen steigt somit die Wahrscheinlichkeit, dass das Messsystem als „nicht fähig“ eingestuft wird.
- Bei einem t-Test wird der Vertrauensbereich mit abnehmender Streuung kleiner. Das heißt, bei kleiner Messsystemstreuung wird ein gegebener Bias eher als signifikant bewertet als bei einer großen Messsystemstreuung.

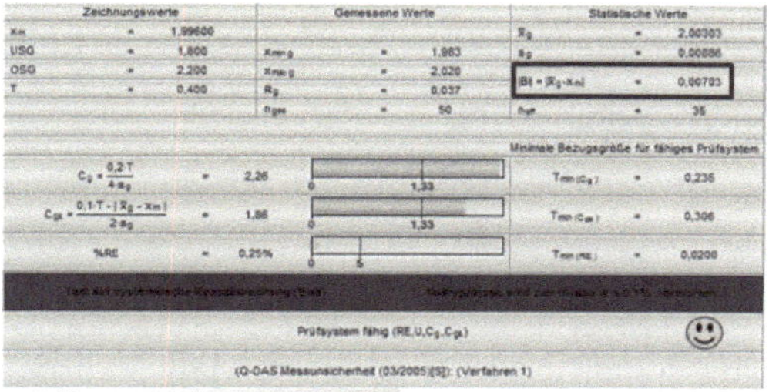

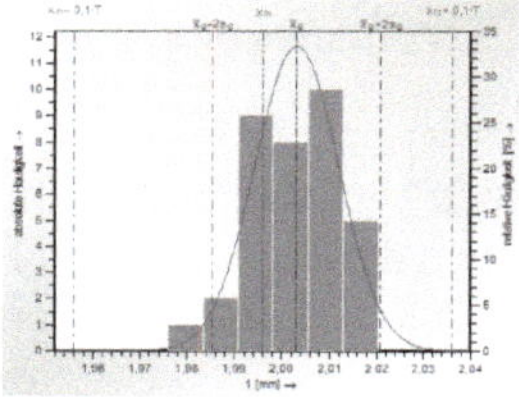

Bi=0,00703 laut sign. Bias „nicht geeignet" (Test zu sensibel wegen kleiner Streuung)

C_g/C_{gk} nach V1 geeignet

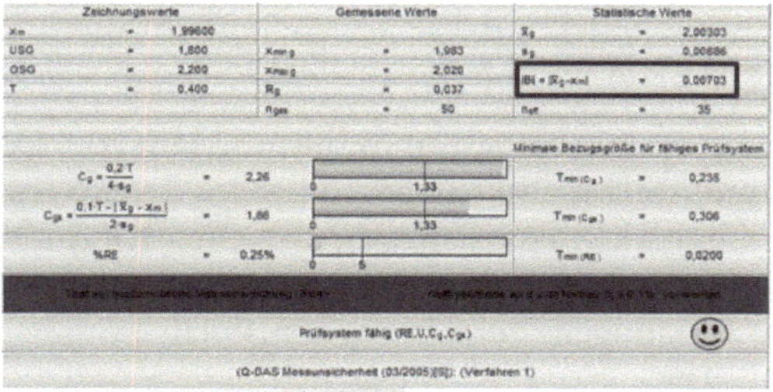

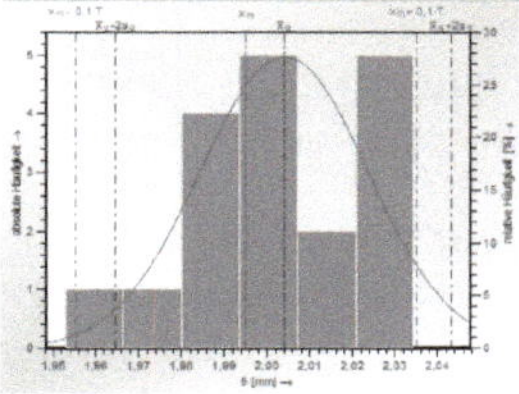

Bi=0,00894 laut sign. Bias „geeignet" (Test versagt wegen großer Streuung)

C_g/C_{gk} nach V1 nicht geeignet

Abb. 4-20: Beispiele für konträre Entscheidung

4.4 Linearität

4.4.1 Vorbemerkung

Beim Einsatz des Messsystems ist dessen „Linearität“ über den Anwendungsbereich nachzuweisen. Folgende Situationen sind zu unterscheiden:

- Das Messsystem enthält eine lineare Maßverkörperung. Dies ist in Form eines Zertifikates bzw. einer Überprüfung nachzuweisen.
- Die Linearität eines Messsystems wird in anderen Untersuchungen (z. B. im Rahmen der regelmäßigen Kalibrierung) ausreichend bewertet und dokumentiert.
  - ▶ In diesen Fällen ist keine separate Linearitätsstudie erforderlich. Die Beurteilung des Messverfahrens nach Verfahren 1 ist ausreichend.
- Das Messsystem enthält keine lineare Maßverkörperung und/oder mehrere Komponenten, deren Wechselwirkung nicht zwangsweise ausreichend linear ist. Typische Beispiele sind elektronische Taster, pneumatische Messungen, Verstärker, Transformationselemente, usw.
  - ▶ In diesem Fall sollte die Linearität des Messsystems näher untersucht werden.

Vereinfachend wird im nachfolgenden Text oftmals nur von Normalen gesprochen, auch wenn die Anwendung von Referenzteilen möglich ist.

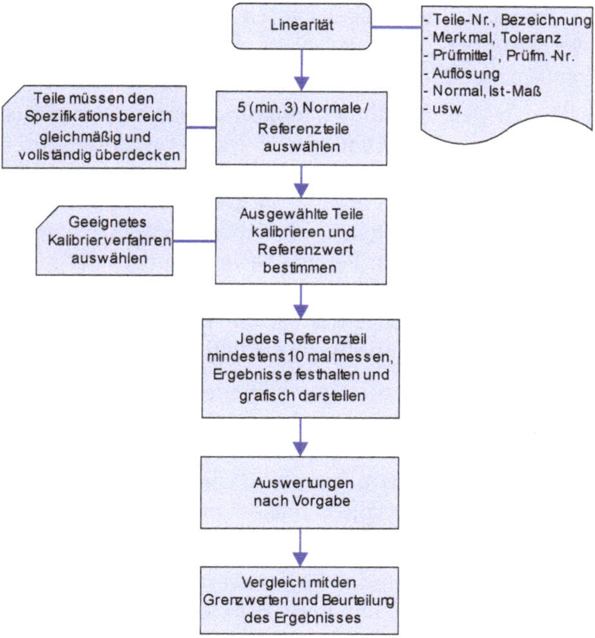

Abb. 4-21: Ablauf Linearität

Die in der Praxis angewandten Linearitätsstudien sind in zwei Gruppen zu unterteilen, die teils unterschiedliche Phänomene untersuchen.

Die in den Richtlinien dokumentierten Linearitätsstudien prüfen die systematische Messabweichung Bi über einen spezifizierten Bereich. Sie können je nach expliziter Durchführung das Verfahren 1 ersetzen. Anhand der Ergebnisse ist zu beurteilen, ob sich die systematische Messabweichung in einem Bereich bewegt, in dem das Messsystem als geeignet angesehen werden kann. Diese Studien können keine Aussage treffen, ob sich das Messsystem im mathematischen Sinne linear verhält.

Linearitätsstudien im mathematischen Sinne prüfen, ob sich das Verhalten eines Messsystems mit einer linearen Ausgleichsgeraden beschreiben lässt, und wie weit diese Ausgleichsgerade von einem idealen linearen Verhalten abweicht. Diese Verfahren müssen ergänzend zu Verfahren 1 durchgeführt werden.

Die Messwerte und die Mittelwerte pro Normal können im xy-Plot oder als Differenz zum jeweiligen Referenzwert im Abweichungsdiagramm dargestellt werden.

4.4.2 Linearitätsstudie über systematische Messabweichungen

Um die systematische Messabweichung über dem Anwendungsbereich beurteilen zu können, sind pro Merkmal m Referenzteile ($m \geq 5$, min. 3) zu verwenden. Die Referenzteile sollten möglichst gleichmäßig über den spezifizierten Auswertungsbereich verteilt sein. An jeder Referenz werden Messungen (Standardfall $n=10$) durchgeführt.

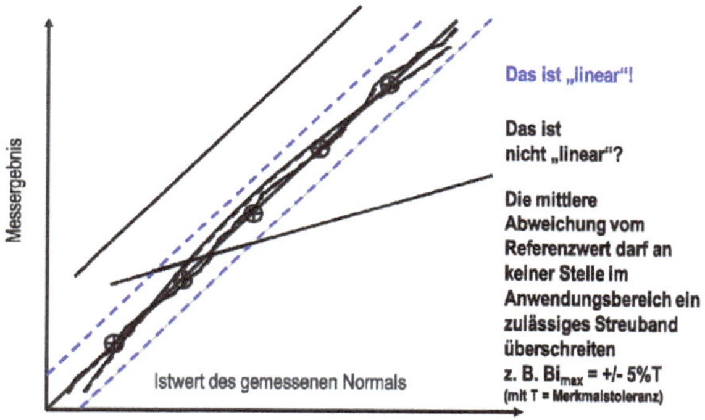

Abb. 4-22: Linearitätsverständnis in vielen MSA-Richtlinien
- Alle Abweichungen im grünen Bereich: Messsystem ist linear
- In allen anderen Fällen: Messsystem ist nicht linear

4.4.2.1 Beurteilung anhand maximalem Bias

Die Mittelwerte $(\bar{x}_g)_i$ und die systematische Messabweichung Bi_i sind zu bestimmen. Die Linearität wird anhand der systematischen Messabweichung Bi_i beurteilt. Für jedes Normal i gilt:

$$Bi_i = (\bar{x}_g)_i - (x_m)_i$$

Der an jedem Referenzteil ermittelte Betrag der systematischen Messabweichung sollte z.B. kleiner gleich 5% der Toleranz sein. In diesem Fall lautet die allgemeine Forderung für Bi:

$$-5\% \cdot T \leq \%Bi_{max} \leq 5\% \cdot T$$

Hinweis:

Die Streuung des Messsystems ist bei dieser Betrachtung nicht berücksichtigt. Soll diese in die Beurteilung mit einbezogen werden, ist für jedes Referenzteil eine Betrachtung nach Verfahren 1 durchzuführen.

4.4.2.2 Beurteilung anhand minimalem C_g/C_{gk}

Da in der obigen Beurteilung die Streuung des Messsystems nicht berücksichtigt wird, könnten Ergebnisse im Widerspruch zu Verfahren 1 stehen. Soll die Streuung in die Beurteilung mit einbezogen werden, ist für jedes Referenzteil eine Betrachtung nach Verfahren 1 durchzuführen.

Das Messsystem gilt als linear, wenn für jedes Referenzteil die Anforderungen nach Verfahren 1 erfüllt sind.

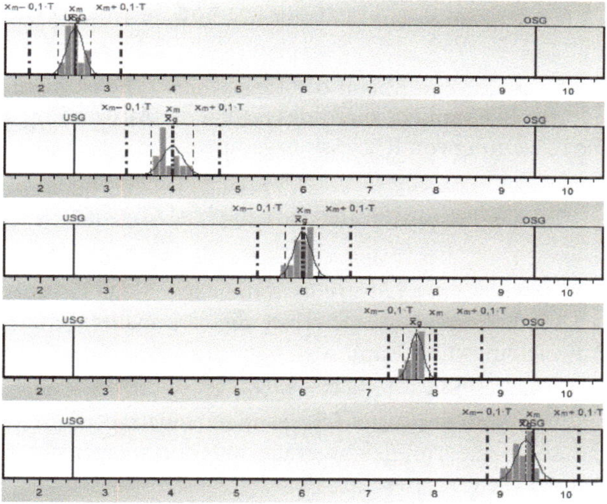

Teilnr.		5xV1			Teilebez.			Lienarity 5 x ST1/V1	
Merkm.Nr.	Merkm.Bez.	n_{eff}	$\bar{x}_g$	R_g	$x_{min\,g}$	$x_{max\,g}$	Index	Index	Gesamtbeurteilung
L1	Merkmal L1	12	2,4917	0,40	2,30	2,70	C_g = 1,88	C_{gk} = 1,86	
L2	Merkmal L2	12	3,9833	0,50	3,80	4,30	C_g = 1,47	C_{gk} = 1,44	
L3	Merkmal L3	12	5,9667	0,40	5,70	6,10	C_g = 1,79	C_{gk} = 1,71	
L4	Merkmal L4	12	7,7083	0,30	7,50	7,80	C_g = 2,34	C_{gk} = 1,37	
L5	Merkmal L5	12	9,3833	0,50	9,10	9,60	C_g = 1,59	C_{gk} = 1,33	

Abb. 4-23: Beurteilung über mehrfachen C_g/C_{gk} – System linear

4.4.3 Linearitätsstudie anhand Regressionsanalyse

Der praktische Ablauf der Linearitätsstudie ist identisch mit den Biasstudien, allerdings erfolgt die Auswertung über die Bewertung von Regressionsgeraden.

4.4.3.1 Signifikanztests nach AIAG Core Tool MSA

Der Ablauf der Linearitätsstudie nach AIAG Core Tools MSA 4th Edition [1] bewertet die Regressionsgerade im Abweichungsdiagramm.

In Abb. 4-24 sind die Werte der systematischen Messabweichung mit der Ausgleichsgeraden eingetragen. Im Idealfall sollte die Ausgleichsgerade auf der waagerechten x-Achse liegen.

Analog zum Test auf signifikanten Bias (s. Kap. 4.3.7) soll nun bewertet werden, ob Abweichungen der Ausgleichsgeraden von der Ideallinie signifikant oder durch zufällige Einflüsse erklärbar sind.

Für den t-Test werden die Prüfgrößen für Achsenabschnitt und Steigung errechnet und mit den kritischen Werten der t-Verteilung verglichen. Sind die Prüfgrößen kleiner oder gleich dem kritischen Wert, so sind die Anforderungen erfüllt, das heißt, es besteht kein Linearitätsproblem.

Abb. 4-24 zeigt einen Bericht, wenn die Bedingungen nicht erfüllt sind.

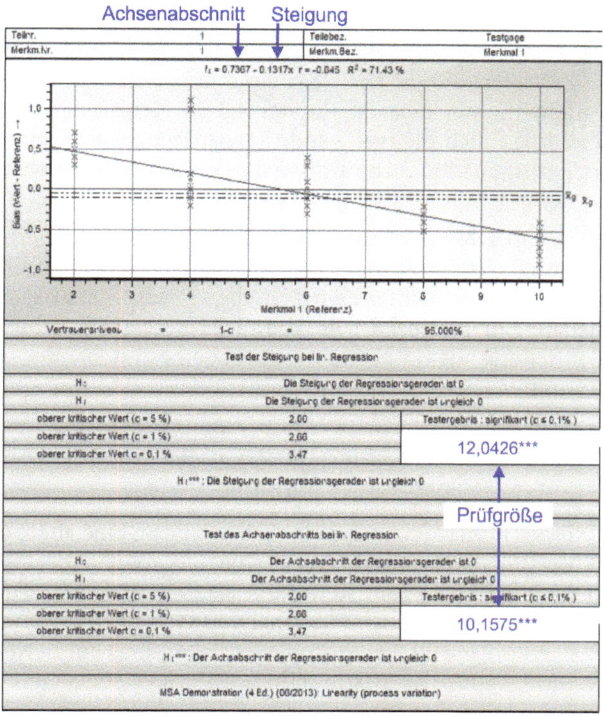

Abb. 4-24: Ausgleichsgerade für Test auf signifikanten Bias und Ergebnisse der t-Tests für Achsenabschnitt und Steigung

Vor- und Nachteile des Verfahrens, Kritikpunkte

Es gelten die gleichen Kritikpunkte wie beim Test auf systematischen Bias (s. Kapitel 4.3.7). Kritischer ist hier allerdings auch die mangelnde Transparenz der Ergebnisse in Bezug auf mögliche praktische Verbesserungsmaßnahmen.

Darüber hinaus kann die Vorgehensweise mangels Bewertung nicht erkennen, dass die Ausgleichsgerade möglicherweise gar nicht geeignet ist, die Messergebnisse darzustellen. Ein Beispiel ist in Abb. 4-25 gezeigt. Es fehlt die Beurteilung des Regressionskoeffizienten oder des Bestimmtheitsmaßes.

4.4.3.2 Bewertung der Ausgleichsgerade über die Abweichungen

Eine alternative Analyse in Anlehnung an eine ältere GM Powertrain-Richtlinie bewertet die Steigung a der Ausgleichgerade mit dem Kennwert $\%Li = a \cdot RF \cdot 100\%$. Dabei sollte %Li $\leq$ 5% RF sein, üblicherweise mit der Toleranz als Referenz (RF = T). Diese Studie darf allerdings nur bewertet werden, wenn das Bestimmtheitsmaß $R^2 \geq 0{,}95$ und die Streuung der Referenzen $\geq$ 50% RF ist. Ansonsten gilt das Messsystem als nicht linear. Damit sind fehlerhafte Bewertungen wie in der AIAG MSA [1] ausgeschlossen.

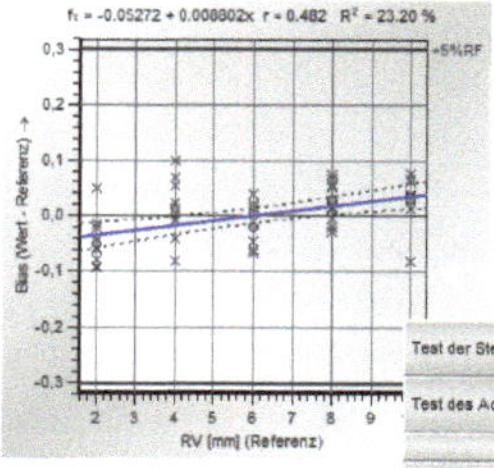

Die t-Tests zeigen:
Die Abweichungen vom Idealfall sind
- signifikant (**) bei der Steigung b
- hochsignifikant (***) beim Achsenabschnitt

Test der Steigung bei lin. Regression	3,43826**
Test des Achsenabschnitts bei lin. Regression	3,80822***
BOSCH 2005 - MSA 3 (ARM) - Normal: Linearität	

Im Idealfall gilt hier:
Achsenabschnitt a = 0
Steigung b = 0

Damit ist das Messsystem nicht geeignet!

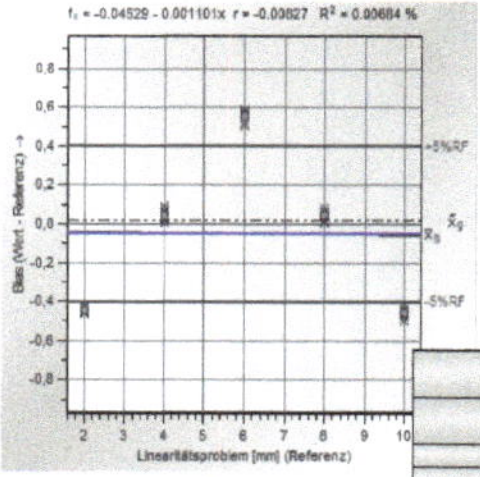

Die t-Tests zeigen:
Die Abweichungen vom Idealfall sind
- nicht signifikant bei der Steigung b
- nicht signifikant beim Achsenabschnitt

Test der Steigung bei lin. Regression					0,057302
Test des Achsenabschnitts bei lin. Regression					0,35542
Bias	=	|B|	=	0,054	
Bias	=	%|B|	=	0,93%	
Prüfsystem fähig (t-T)					☺

Im Idealfall gilt hier:
Achsenabschnitt a = 0
Steigung b = 0

Damit ist das Messsystem geeignet
trotz deutlich sichtbarer Linearitätsprobleme!

Abb. 4-25: Ausgleichsgerade Messwerte und Beispiel für mögliche fehlerhafte Beurteilung nach AIAG Core Tool MSA [1]

4.4.3.3 Bewertung über eine vollständige Regressionsanalyse

In diesem Fall wird eine vollständige Regressionsanalyse über die Istwerte durchgeführt und der „Lack of Fit", das heißt die „mangelnde Anpassung" an die lineare Ausgleichsgerade bewertet. Da die mathematischen Details den Rahmen des Büchleins sprengen würden, wird hier auf den VDA Band 5 [16] verwiesen

4.4.4 Untersuchung an der Spezifikationsgrenze

Oftmals können aus wirtschaftlichen Gründen nicht mehr als zwei Normale zur Verfügung gestellt werden. Daher beschränkt man sich auf die Untersuchung an den Spezifikationsgrenzen. Damit sind jeweils ein Normal in der Nähe der unteren bzw. der oberen Spezifikationsgrenze zur Verfügung zu stellen. Anschließend wird mit jedem Normal eine Fähigkeitsuntersuchung gemäß Verfahren 1 durchgeführt.

Diese Vorgehensweise ist keine Linearitätsuntersuchung, sondern lässt nur eine Aussage über die Eignung an den jeweils betrachteten Stellen zu. Über andere Bereiche kann keine Aussage getroffen werden.

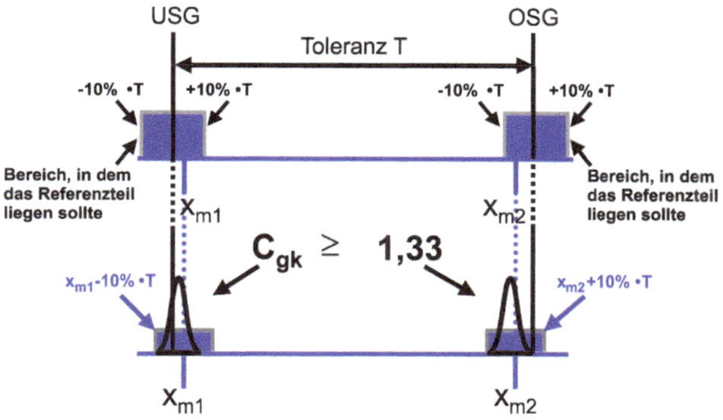

Abb. 4-26: Lage der Referenzteile

4.5 Verfahren 2: %GRR – Methode mit Bedienereinfluss

Ziel des Verfahrens ist, die Beeinflussbarkeit des Messsystems durch den Bediener bei der Messung an einem realen Bauteil zu bewerten. Es ist nicht Ziel des Versuchs, den Bediener zu bewerten.

GRR ist die Abkürzung für Gage Repeatability & Reproducibility, also die Wiederhol- und Vergleichspräzision des Messprozesses.

Die Wiederholpräzision bewertet, ob Prüfer ihre eigene Messung wiederholen können, die Vergleichspräzision zeigt auf, ob die Ergebnisse verschiedener Prüfer vergleichbar sind.

Die Wiederholpräzision wird auch als Equipment Variation oder Gerätestreuung (EV) bezeichnet, die Vergleichspräzision als Appraiser Variation oder Bedienerstreuung (AV). Diese Benennungen dürfen nicht mit ursächlichen Einflüssen verwechselt werden und sollten deshalb besser vermieden werden, auch wenn sich die Abkürzungen EV und AV etabliert haben. Das heißt, eine mangelnde Wiederholpräzision kann durch den Prüfer, und eine mangelnde Vergleichspräzision kann durch Veränderungen des Equipments begründet sein.

Das Verfahren 2 darf nur nach erfolgreichem Nachweis der Eignung aus Verfahren 1 durchgeführt werden.

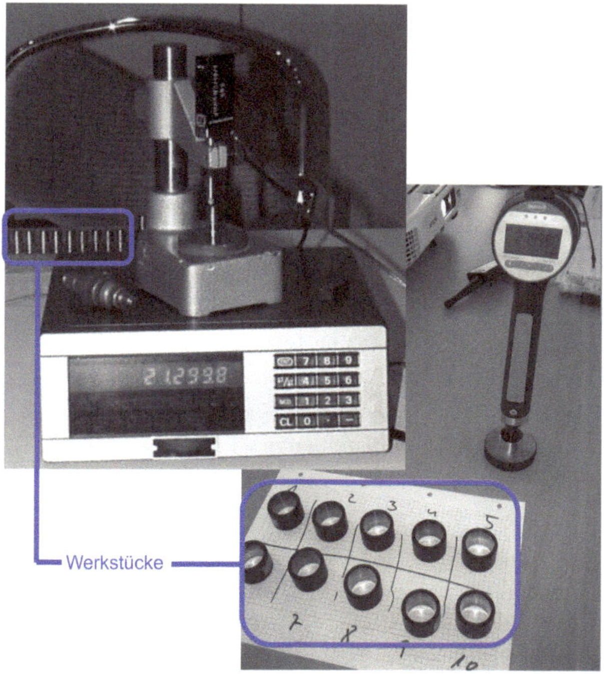

Abb. 4-27: Messaufbau Verfahren 2

4.5.1 Ablauf

Eine Übersicht zeigt das abgebildete Flussdiagramm. Dabei sind folgende Einzelheiten zu beachten:

1. Schritt:

Festlegung der Anzahl

- Prüfer ($k \geq 2$)
- Messobjekte ($n \geq 5$), die möglichst über den Toleranzbereich verteilt sind
- Messungen pro Prüfer ($r \geq 2$).

Dabei muss gelten: $k \cdot r \cdot n \geq 30$. Typisch sind 2-3 Prüfer, 5-10 Teile mit 2-3 Messreihen pro Prüfer.

2. Schritt:

Die Teile werden in zufälliger Reihenfolge nummeriert. Um den Einfluss des Messobjekts, z.B. die Teilegeometrie, auszuschließen, wird die Messposition für alle Prüfer deutlich sichtbar gekennzeichnet und dokumentiert. Die Umgebungsbedingungen (z.B. Temperatur, Bediener, Schwingungen usw.) sind ebenfalls zu dokumentieren.

Hinweis:
Die folgende Vorgehensweise stellt eine Empfehlung dar. Je nach Messaufgabe ist die Reihenfolge des Messablaufs in Absprache zwischen Kunde und Lieferant individuell festzulegen und entsprechend zu dokumentieren. Gegebenenfalls ist zu prüfen, welche Streueinflüsse sich auf welche Streukomponente auswirken (Abb. 4-33).

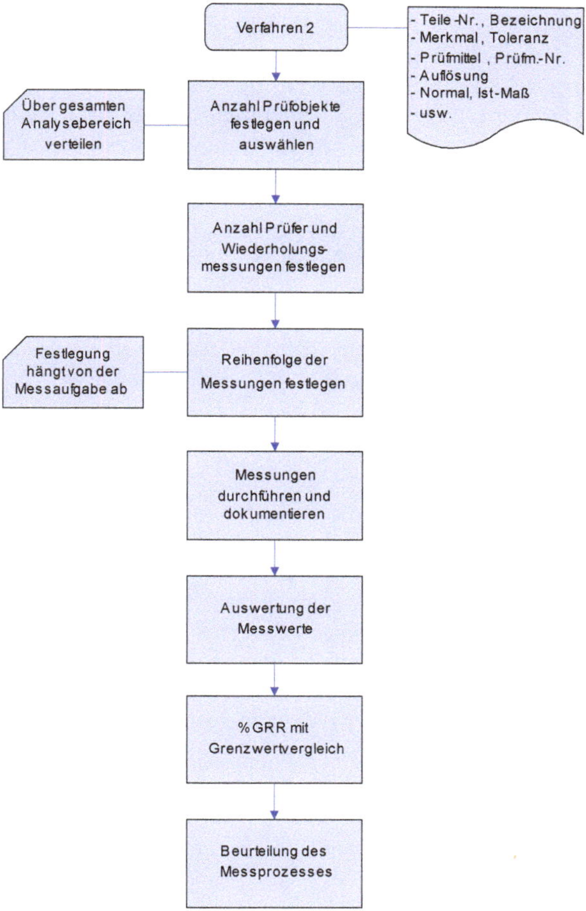

Abb. 4-28: Ablauf Verfahren 2

3. Schritt:

Der erste Bediener stellt die Messeinrichtung ein und ermittelt die Merkmalswerte der Teile in der durch die Nummerierung vorgegebenen Reihenfolge und nach der gültigen Vorschrift unter Beachtung der Messposition. Die Messwerte werden dokumentiert. Darauf folgend ermittelt der zweite Bediener die Merkmalswerte der Messobjekte. Um die Messungen völlig unbeeinflusst durchführen zu können, mag es sinnvoll sein, dass die Bediener ihre Ergebnisse und Vorgehensweisen gegenseitig nicht kennen. Es folgen nun ggf. weitere Bediener. Während der Durchführung der Untersuchung sind Veränderungen an der Messeinrichtung nicht zulässig.

4. Schritt:

Nun wiederholen die Bediener in der gleichen Reihenfolge ihre Messungen, allerdings sollten auch jetzt die Bediener Ihre Messwerte unbeeinflusst vom ersten Durchgang ermitteln. Dazu mag es notwendig sein, dass die Messobjekte in geänderter zufälliger Reihenfolge gemessen werden und für den Bediener nicht identifizierbar sind. In diesem Falle müssen die Werte von einem weiteren Mitarbeiter der richtigen Teilenummer zugeordnet werden.

Dieser Schritt wird für jeden weiteren Durchgang wiederholt.

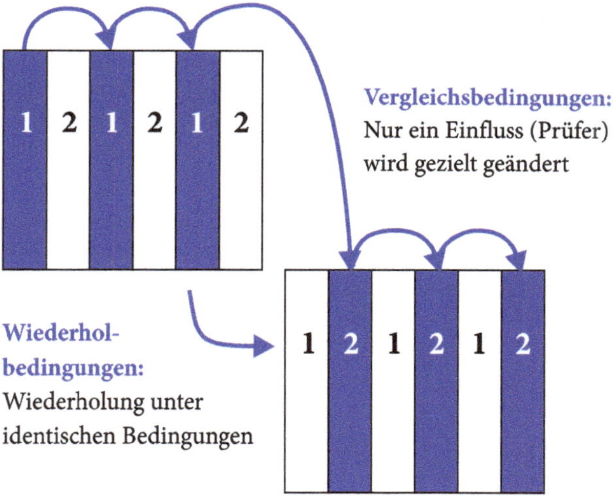

Bezeichnung	*Abkürzung*	*Durchführung unter …*
Wiederholpräzision *Repeatability* *Equipment Variation*	*EV*	*Wiederholbedingungen*
Vergleichspräzision *Reproducibility* *Appraiser Variation*	*AV*	*Vergleichsbedingungen*
Wechselwirkung *Interaction*	*IA*	*Vergleichsbedingungen*

Abb. 4-29: Messablauf Verfahren 2

4.5.2 Grafische Beurteilung

Zur Beurteilung der Ergebnisse stehen mehrere grafische Darstellungen zur Verfügung, wie z.B. das Abweichungsdiagramm, das Differenzendiagramm, die vergleichende Darstellung im Histogramm und die Qualitätsregelkarte (R- oder s-Karte).

Für einen sinnvollen Vergleich werden in vielen Grafiken nur die Abweichungen zum Gesamtmittelwert des jeweiligen Teiles dargestellt (siehe Abb. 4-30). Der Gesamtmittelwert ergibt sich aus allen Messungen der Prüfer zu einem Teil (3 Prüfer, 2 Messungen: 6 Messungen pro Teil).

Im Abweichungsdiagramm werden die Messwerte nach Prüfern sortiert und in Messwertreihen dargestellt. Die Linien verbinden jeweils die Abweichungen des 1. und 2. Durchgangs, sowie die mittleren Abweichungen des Prüfers.

Im sogenannten Differenzendiagramm werden die Abweichungen der Messwerte nach Teilen sortiert und alle Werte eines Teils in einem Block dargestellt.

Eingezeichnet sind bei allen Diagrammen Grenzwerte, die sich aus der Forderung für %GRR ergeben.

Teil n	$\bar{x}_n$	$x_{A;1}-\bar{x}_n$	$x_{A;2}-\bar{x}_n$	$x_{B;1}-\bar{x}_n$	$x_{B;2}-\bar{x}_n$	...
1	99,998	0,012	0,002	0,002	-0,008	...
2	100,003	0,007	0,017	-0,013	-0,003	...
3	100,003	0,007	-0,003	0,007	-0,003	...
...	...	...	...	...	...	...

Abweichungen zum Gesamtmittelwert des Teils

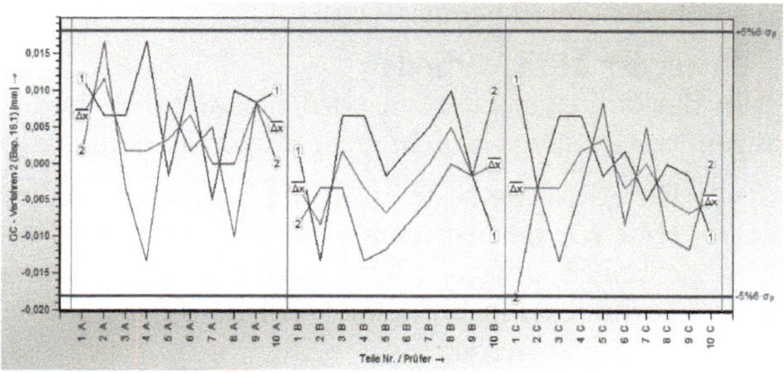

Abweichungsdiagramm

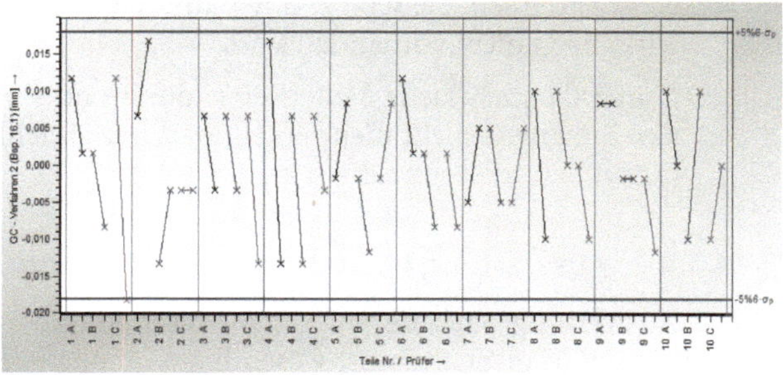

Differenzendiagramm

Abb. 4-30: Vergleich der Prüfer

4.5.3 Auswertung nach der ARM – Methode

Die Berechnungen erfolgen bei dieser Methode über die Mittelwerte der Bediener und Spannweiten der Wiederholungen (ARM = Average Range Method). Diese Vorgehensweise ist sehr anschaulich und mit einfachen Mittel nachvollziehbar, sollte allerdings nach aktuellem Stand der Technik nicht mehr benutzt werden.

Kritik der ARM Methode

In der aktuellen Literatur wird die ARM-Methode aus folgenden Gründen als nicht mehr zeitgemäß dargestellt:

- Die ARM Methode errechnet Spannweiten, die mit Hilfe von tabellierten K-Faktoren in Standardabweichungen umgerechnet werden. Mit der heutigen Technik kann auf diese unsichere Schätzmethode verzichtet werden.
- Die ARM-Methode kann weitere Streueinflüsse nicht erkennen. Sie setzt z. B. voraus, dass Wechselwirkungen nicht vorhanden sind.
- Durch die mehrfache Mittelwertbildung sind singuläre Ereignisse nicht mehr erkennbar, was zu fehlerhaften Bewertungen führen kann.

4.5.4 Auswertung nach der ANOVA–Methode

Die Auswertung nach der ANOVA-Methode (Analysis of Variance, Varianzanalyse) ist wesentlich komplexer und kann nur noch mit sehr großem Aufwand manuell erfolgen. Bei rechnergestützten Analysen ist das Argument hinfällig, da diese standardisierten Methoden in nahezu jeder Standard-Software implementiert sind.

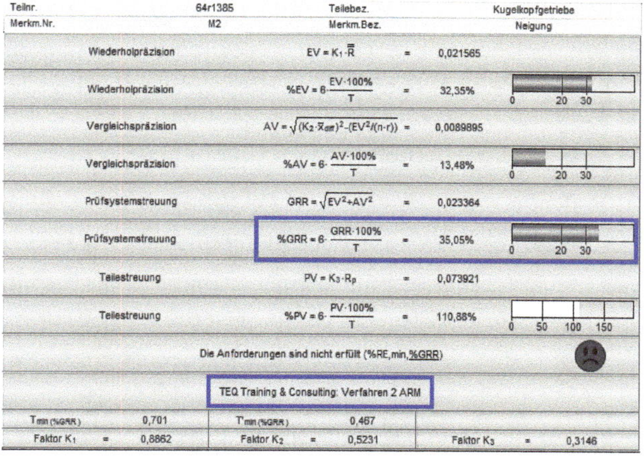

Teilnr.	64r1385	Teilebez.	Kugelkopfgetriebe
Merkm.Nr.	M2	Merkm.Bez.	Neigung

Wiederholpräzision	$EV = K_1 \cdot \bar{\bar{R}}$	=	0,021565
Wiederholpräzision	$\%EV = 6 \cdot \frac{EV \cdot 100\%}{T}$	=	32,35%
Vergleichspräzision	$AV = \sqrt{(K_2 \cdot \bar{x}_{diff})^2 - (EV^2/(n \cdot r))}$	=	0,0089895
Vergleichspräzision	$\%AV = 6 \cdot \frac{AV \cdot 100\%}{T}$	=	13,48%
Prüfsystemstreuung	$GRR = \sqrt{EV^2 + AV^2}$	=	0,023364
Prüfsystemstreuung	$\%GRR = 6 \cdot \frac{GRR \cdot 100\%}{T}$	=	35,05%
Teilestreuung	$PV = K_3 \cdot R_p$	=	0,073921
Teilestreuung	$\%PV = 6 \cdot \frac{PV \cdot 100\%}{T}$	=	110,88%

Die Anforderungen sind nicht erfüllt (%RE,min,%GRR)

TEQ Training & Consulting: Verfahren 2 ARM

$T_{min\,(\%GRR)}$		0,701	$T'_{min\,(\%GRR)}$		0,467			
Faktor K_1	=	0,8862	Faktor K_2	=	0,5231	Faktor K_3	=	0,3146

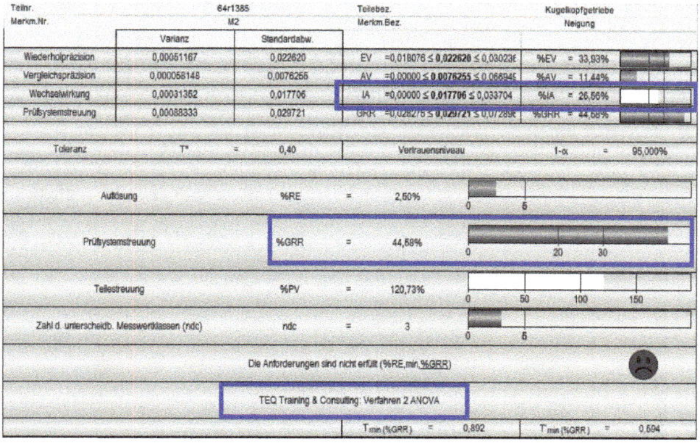

Teilnr.	64r1385	Teilebez.	Kugelkopfgetriebe
Merkm.Nr.	M2	Merkm.Bez.	Neigung

	Varianz	Standardabw.		
Wiederholpräzision	0,00051167	0,022620	EV =0,018076 ≤ **0,022620** ≤ 0,03023	%EV = 33,93%
Vergleichspräzision	0,000058148	0,0076255	AV =0,00000 ≤ **0,0076255** ≤ 0,06694	%AV = 11,44%
Wechselwirkung	0,00031352	0,017706	IA =0,00000 ≤ **0,017706** ≤ 0,033704	%IA = 26,56%
Prüfsystemstreuung	0,00088333	0,029721	GRR =0,028276 ≤ **0,029721** ≤ 0,07289	%GRR = 44,68%

Toleranz	T*	=	0,40	Vertrauensniveau	1-α	=	95,000%

Auflösung	%RE	=	2,50%
Prüfsystemstreuung	%GRR	=	44,68%
Teilestreuung	%PV	=	120,73%
Zahl d. unterscheidb. Messwertklassen (ndc)	ndc	=	3

Die Anforderungen sind nicht erfüllt (%RE,min,%GRR)

TEQ Training & Consulting: Verfahren 2 ANOVA

$T_{min\,(\%GRR)}$	=	0,892	$T_{min\,(\%GRR)}$	=	0,694

Abb. 4-31: Unterschied ARM zu ANOVA: ARM übersieht die Wechselwirkung

ANOVA ist aus mathematischer Sicht das genauere Verfahren und in der Lage, die Streuungskomponenten in folgende Gruppen als Standardabweichungen separat auszuweisen:

- EV Wiederholpräzision (Equipment Variation)
- AV Vergleichspräzision (Appraiser Variation)
- IA Wechselwirkung (Interaction)
- PV Teilestreuung (Part Variation)
- GRR (Gage Repeatability and Reproducibility)

Die mathematischen Details sind standardisiert und lassen sich der Literatur entnehmen [1][4][15]. Die Analyse beginnt mit der Berechnung der Gesamtstreuung über alle Messwerte. Danach wird die Streuung der Messobjekte (PV, Part Variation) separiert und dem „Gesamtpool" der Streuungen entnommen. Als nächstes wird die Vergleichspräzision AV ermittelt und ebenfalls aus der Reststreuung entnommen. Nun wird für jedes Teil geprüft, ob die Streuung der Prüfer(mittelwerte) bei diesem Teil mit der Vergleichspräzision erklärbar ist. Findet man Teile, die von den Prüfern unterschiedlicher bewertet werden, als es die Vergleichspräzision erwarten lässt, so wird dieser Anteil als Wechselwirkung IA ausgewiesen und der Reststreuung ebenfalls entnommen. Abschließend wird die verbliebene Reststreuung als Wiederholpräzision EV ausgewiesen. Somit ist sichergestellt, dass ANOVA alle Streueinflüsse erkennt.

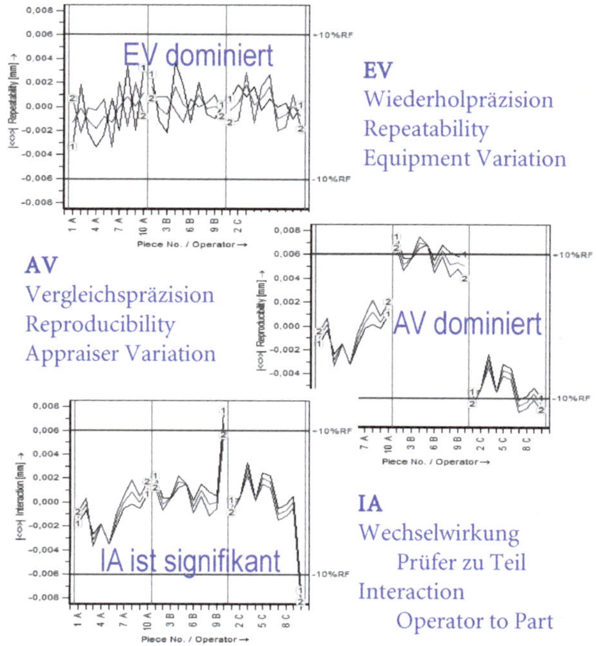

Abb. 4-32: Vergleich der Prüfer

5. Schritt

Berechnung der

- Wiederholpräzision EV (Equipment Variation / Repeatability),
- der Vergleichspräzision des Messsystems AV (Appraiser Variation /Reproducibility) und der
- Wechselwirkung Prüfer/Teil IA (Interaction)

nach ANOVA, wie zuvor beschrieben.

6. Schritt

Berechnung der GRR (Gage Repeatability und Reproducibility) aus den Einzelkomponenten

$$GRR = \sqrt{EV^2 + AV^2 + IA^2}$$

7. Schritt

Bezug der GRR auf die Referenz, im Allgemeinen auf die Toleranz. Da GRR eine Standardabweichung ist, muss eine Erweiterung auf ein Vielfaches der Standardabweichung durchgeführt werden. Üblich sind Erweiterungsfaktoren von 4 (95,45%), 5,15 (99%) oder 6 (99,73%) mit den jeweils angegebenen Überdeckungsbereichen. In AIAG MSA [1] wird ein Erweiterungsfaktor 6 gefordert.

$$\%GRR = \frac{6 \cdot GRR}{T} \cdot 100\%$$

ACHTUNG!

Die unglückliche Benennung der Vergleichspräzision als Appraiser Variation (= Bedienerstreuung) und der Wiederholpräzision als Equipment Variation (= Gerätestreuung) führt leicht zu Verwechselung von Ursache und Wirkung!

Ein Beispiel aus der Praxis:

Bediener schnäbelt fälschlicherweise bei Messung mit Messschieber an und kann deshalb seine Ergebnisse nicht sauber wiederholen.

Gerätestreuung EV ist groß und vom Bediener verursacht.

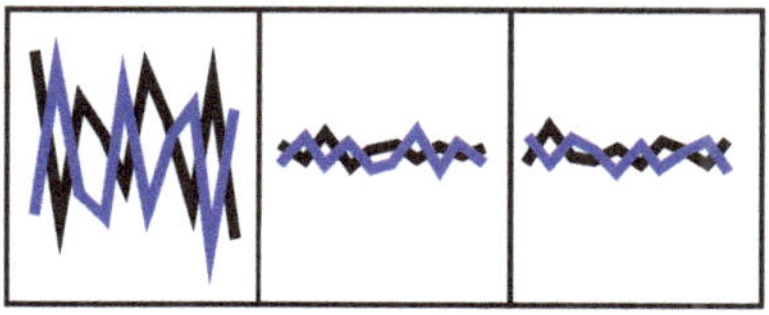

Werteverlauf Abweichungen

Nach längerer Diskussion der Ergebnisse und Analyse der fehlerhaften Handhabung des Messschiebers entscheidet sich der Bediener, seine Messungen mit korrekter Handhabung zu wiederholen und ersetzt die Werte der ersten Messung. Mittlerweile hat sich allerdings Nullpunkt des Messgerätes verschoben.

Bedienerstreuung AV ist groß und vom Messgerät verursacht

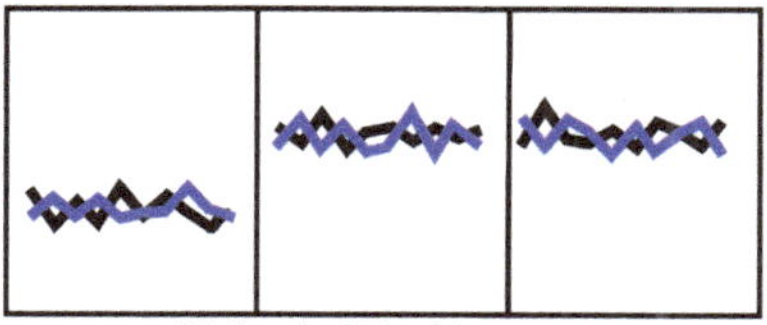

Werteverlauf Abweichungen

Fazit:

Nennen Sie die Streuungen Wiederhol- und Vergleichspräzision (Repeatability and Reproducibility), und nicht Geräte- oder Bedienerstreuung.

Abb. 4-33: Kausalität und Wirkung

8. Schritt

Beurteilung des Ergebnisses:

Das Messsystem gilt als geeignet, wenn

- $\%GRR \leq 20\%$ für neue Messsysteme
- $\%GRR \leq 30\%$ für Messsysteme in Gebrauch

Alternativ dazu sind auch dreistufige Bewertungen fähig/ bedingt fähig / nicht fähig üblich, wie in Abb. 4-39 dargestellt.

Sind bei einem oder mehreren Prüfern keine Streuungen feststellbar, so ist dies zu begründen. Dieser Fall kann z.B. unter folgenden Bedingungen auftreten (siehe auch Abb. 4-12):

- Die Auflösung der Messeinrichtung reicht nicht aus, um die Einflüsse zu erkennen.
- Fehler in der Messeinrichtung (z.B. Messtaster klemmt).

Überschreitet das Messsystem die oben genannten Grenzen, so ist es nicht geeignet.

Die Streukomponenten EV, AV und IA sind durch geeignete Maßnahmen zu reduzieren, bis die Forderung erfüllt ist. Eventuell ist ein anderes Messverfahren oder eine bessere Schulung der Prüfer notwendig (siehe hierzu auch Vorgehensweise „Nicht fähige Messsysteme“).

Wechselwirkungen IA sind besonders zu beachten und sollten genauer geprüft werden. Im Gegensatz zu EV und AV sind es keine „mittleren“ Streuungen, sondern oftmals plötzlich auftretende Störungen, deren Häufigkeit im realen Messprozess nicht vorhergesagt werden kann.

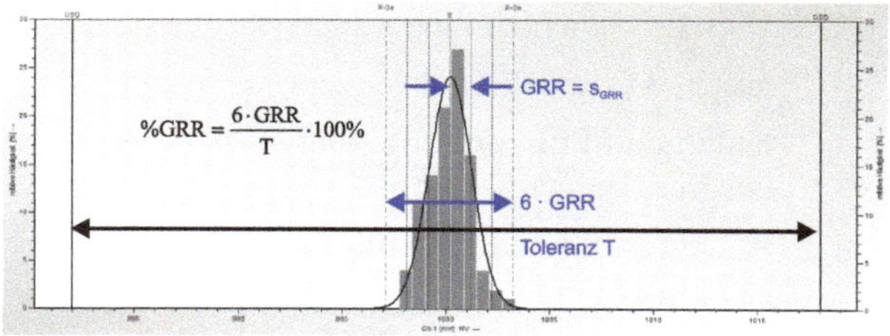

Abb. 4-34: %GRR in Bezug zur Toleranz setzen

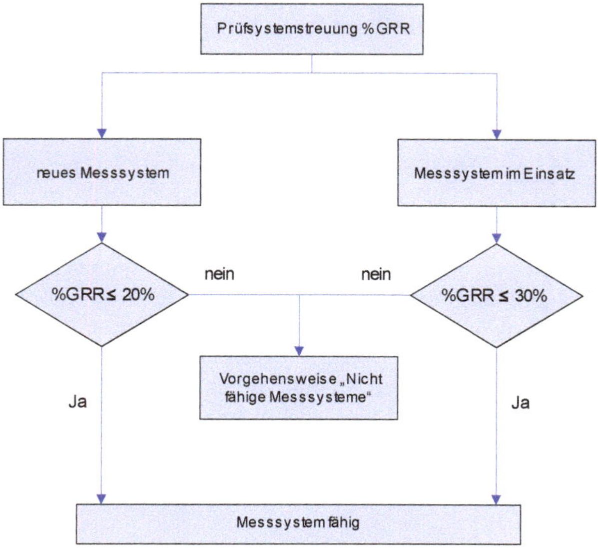

Abb. 4-35: Beurteilung %GRR, alternativ siehe Abb. 4-39

Ursachen für die Wechselwirkungen könnten sein:

- falsche Messpositionen
- fehlerhafte Einspannung oder Positionierung, z. B. bei grenzlagigen Teilen
- zufällig auftretende Störungen
- einmalige fehlerhafte Handhabung

9. Schritt

Durch Umstellung der Ungleichung %GRR ≤ 20% bzw. 30% kann der kleinste zulässige Betrag der Toleranzvorgabe errechnet werden, für die die Messeinrichtung nach Verfahren 2 eingesetzt werden kann.

$T_{min} = 5 \cdot GRR$ für neue Messsysteme

$T_{min} = 10/3 \cdot GRR$ für Messsysteme im Einsatz

Durch den hier betrachteten Umkehrschluss lassen sich Fähigkeitsuntersuchungen auf vergleichbare Messaufgaben übertragen. Für ähnliche Merkmale (z.B. unterschiedliche Durchmesser oder Längen von vergleichbaren Teilen) die mit dem gleichen Messverfahren unter gleichen Bedingungen beurteilt werden, kann es ausreichend sein, repräsentative Untersuchungen an einem repräsentativen Merkmal durchzuführen und die Ergebnisse auf die weiteren Merkmale zu übertragen. Die Messsysteme gelten als fähig, wenn die hier errechnete minimale Toleranzgrenze nicht unterschritten wird. Diese Vorgehensweise ist zu dokumentieren.

Fallbeispiel:
Eine Fähigkeitsuntersuchung ergibt zum Beispiel:
%GRR = 14,3%

Damit errechnet sich bei gleichen Bedingungen eine minimale Toleranz:
$T_{min} = 5 \cdot GRR$
bei neuen Messsystemen.

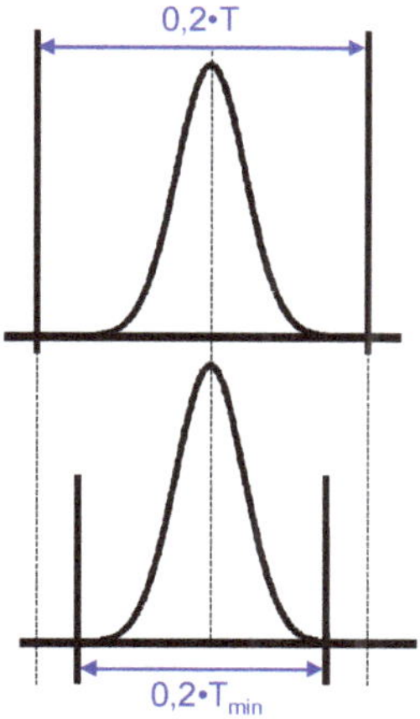

Abb. 4-36: Messsystem geeignet bis T_{min}

4.5.5 Dokumentation der Untersuchung

Bericht über ein Merkmal

Das Ergebnis der Fähigkeitsuntersuchung ist umfassend zu dokumentieren. Dazu gehören:

- Kopfdaten zur Identifikation des Messverfahrens und Zuordnung zu der jeweiligen Messaufgabe
- Numerische Werte sowie deren grafische Darstellung
- Zusammenfassung der statistischen Kennwerte
- Beurteilung des Ergebnisses sowie die verwendete Auswertemethodik
- Unterschrift mit Datum, um die korrekte Durchführung zu dokumentieren.
- Identifikation des Dokumentes (Auswertung, Dateiname, Firmenname, Druckstatus, Versionsnummer).

Da die numerischen Ergebnisse und Messwerte in tabellarischer Form einen „Zahlenfriedhof" darstellen, sollten die Einzelwerte auf jeden Fall in Form eines Werteverlaufs oder Abweichungsdiagramms visualisiert werden. Ausreißer, Trends oder größere Schwankungen können so sehr schnell erkannt werden. Für den besseren Überblick empfiehlt es sich auch, die numerischen Ergebnisse in Form einer Balkendarstellung im Vergleich zu den Forderungen darzustellen.

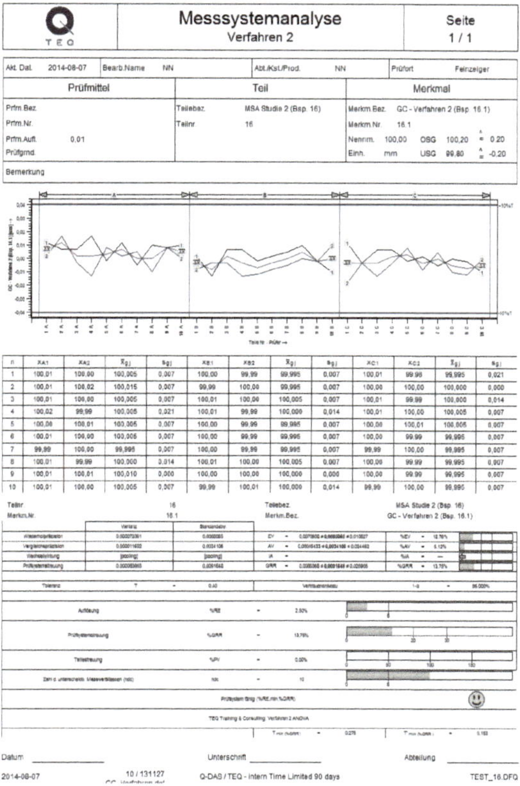

	Messsystemanalyse Verfahren 2	Seite 1 / 1

Akt. Dat.	2014-08-07	Bearb.Name	NN	Abt./Kst./Prod.	NN	Prüfort	Feinzeiger

Prüfmittel		Teil		Merkmal			
Prfm.Bez.		Teilebez.	MSA Studie 2 (Bsp. 16)	Merkm.Bez.	GC - Verfahren 2 (Bsp. 16.1)		
Prfm.Nr.		Teilnr.	16	Merkm.Nr.	16.1		
Prfm.Aufl.	0,01			Nennm. 100,00	OSG 100,20		0.20
Prüfgrnd.				Einh. mm	USG 99,80		-0,20

Bemerkung

n	XA1	XA2	$\bar{x}_{gj}$	s_{gj}	XB1	XB2	$\bar{x}_{gj}$	s_{gj}	XC1	XC2	$\bar{x}_{gj}$	s_{gj}
1	100,01	100,00	100,005	0,007	100,00	99,99	99,995	0,007	100,01	99,98	99,995	0,021
2	100,01	100,02	100,015	0,007	99,99	100,00	99,995	0,007	100,00	100,00	100,000	0,000
3	100,01	100,00	100,005	0,007	100,01	100,00	100,005	0,007	100,01	99,99	100,000	0,014
4	100,02	99,99	100,005	0,021	100,01	99,99	100,000	0,014	100,01	100,00	100,005	0,007
5	100,00	100,01	100,005	0,007	100,00	99,99	99,995	0,007	100,00	100,01	100,005	0,007
6	100,01	100,00	100,005	0,007	100,00	99,99	99,995	0,007	100,00	99,99	99,995	0,007
7	99,99	100,00	99,995	0,007	100,00	99,99	99,995	0,007	99,99	100,00	99,995	0,007
8	100,01	99,99	100,000	0,014	100,01	100,00	100,005	0,007	100,00	99,99	99,995	0,007
9	100,01	100,01	100,010	0,000	100,00	100,00	100,000	0,000	100,00	99,99	99,995	0,007
10	100,01	100,00	100,005	0,007	99,99	100,01	100,000	0,014	99,99	100,00	99,995	0,007

Teilnr. 16 — Teilebez. MSA Studie 2 (Bsp. 16)
Merkm.Nr. 16.1 — Merkm.Bez. GC - Verfahren 2 (Bsp. 16.1)

	Varianz	Standardabw.				
Wiederholpräzision	0,000073301	[illegible]	EV =	[illegible]	%EV =	12.76%
Vergleichpräzision	0,000011632	0,0034106	AV =	[illegible]	%AV =	5.12%
Wechselwirkung	[pooling]	[pooling]	IA =		%IA =	—
Prüfsystemstreuung	[illegible]	[illegible]	GRR =	[illegible]	%GRR =	13.75%

Toleranz	T = 0,40	Vertrauensniveau	1-α = 95.000%

Auflösung	%RE =	2.50%
Prüfsystemstreuung	%GRR =	13.75%
Teilestreuung	%PV =	0.00%
Zahl d. unterscheidb. Messwertklassen (ndc)	ndc =	10

Prüfsystem fähig (%RE,min.%GRR)

TEQ Training & Consulting: Verfahren 2 ANOVA

Tmin (%GRR) = 0,278 — Tmin (%GRR) = 0,153

Datum ________ Unterschrift ________ Abteilung ________

2014-08-07 10 / 131127 Q-DAS / TEQ - intern Time Limited 90 days TEST_16.DFQ

Abb. 4-37: Ausdruck Gesamtergebnis Verfahren 2 ANOVA

Bericht bei mehreren Merkmalen

Für eine effiziente Beurteilung eines Teils mit mehreren Merkmalen empfiehlt sich zunächst, eine komprimierte Darstellung am Bildschirm anzuzeigen oder ausdrucken zu lassen. Diese sollte die wichtigsten statistischen Kennwerte in tabellarischer Form bzw. in grafischer Form zeigen. Die statistischen Kennwerte wie %EV, %AV, %IA und %GRR werden in einem sogenannten Balkendiagramm visualisiert. Durch entsprechende farbliche Markierung der Balken kann so schnell ermittelt werden, welche Merkmale den Eignungsnachweis nicht bestanden haben. Anschließend sind die nicht fähigen Merkmale separat zu analysieren.

In der tabellarischen Form kann zur besseren Entscheidungsfindung das Ergebnis mittels eines farbigen Symbols (Pfeil, „Smiley“, „Daumen hoch“) hervorgehoben werden.

Messsystemanalyse — Seite 1 / 1

Werk NN	Abt./Kst./Prod. NN	Bearb.Name NN	Akt. Dat. 2014-08-07

Teil

Teilebez.	Testbeispiel 16	Wkst.Bez.		Prüfeinr.Bez.
Teilenummer	16	Hrst.Name	Q-DAS	Prüfgrnd
Bem.	Testbeispiel 15 - Fähigkeitsuntersuchung Typ 2			

Merkm.Nr.	Merkm.Bez.	n_{eff}	T	%EV	%AV	%IA	%GRR	Gesamtbe
16.1	Merkmal 16.1	60	0,18	30,12%	0,00%	25,66%	39,57%	
16.2	Merkmal 16.2	60	0,30	17,01%	6,82%	—	18,33%	
16.3	Merkmal 16.3	60	0,60	8,51%	3,41%	—	9,16%	
16.4	Merkmal 16.4	60	0,20	25,52%	10,23%	—	27,49%	

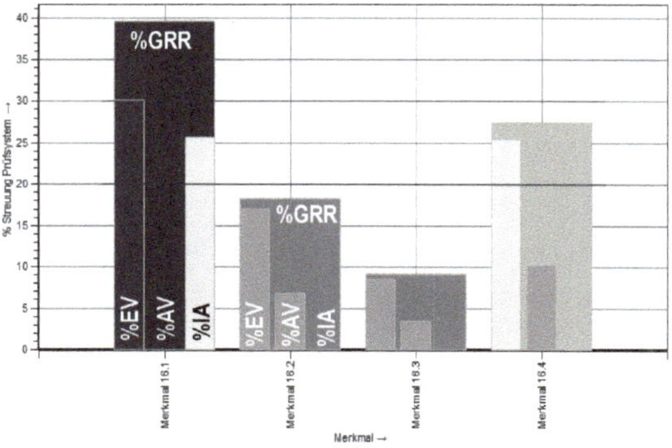

Datum ____________ Unterschrift ____________ Abteilung ____________

2014-08-07 10 / 131127 GC Uebersicht V2 DFF Q-DAS / TEQ - intern Time Limited 90 days TEST_16M DFQ

Abb. 4-38: Bericht mit mehreren Merkmalen

4.5.6 Auswertung nach MSA 4th Edition

4.5.6.1 Unterschiede im Überblick

Die AIAG Core Tool MSA empfiehlt seit der 4. Auflage ebenfalls die Berechnung der Kennwerte mit der ANOVA-Methode. Allerdings wird ein Bezug der Ergebnisse immer zur Total Variation TV hergestellt, also zur beobachteten Fertigungsprozessstreuung. Für die Ermittlung dieser Prozessstreuung gibt es mehrere priorisierte Methoden.

Der Grenzwert ist mehrstufig, d. h. es gibt fähige, bedingt fähige und nicht fähige Messmittel.

Als „additional width metric" nennt die MSA den Kennwert ndc (number of distinct categories), die Anzahl unterscheidbarer Messwertklassen. Bezugsgröße für ndc ist die Part Variation PV.

4.5.6.2 Die Bezugsgröße TV

Nach AIAG Core Tool MSA ist die Bezugsgröße für GRR die Total Variation TV, die beobachtete Gesamtstreuung des Fertigungsprozesses. Da diese Gesamtstreuung als Standardabweichung ausgedrückt werden kann, verzichtet die AIAG MSA wenn möglich auf die Berechnung von erweiterten Streubereichen und vergleicht vorzugsweise Standardabweichungen.

Es gilt

$$TV^2 = PV^2 + GRR^2$$

Wichtige Punkte zu Verfahren 2 aus der AIAG MSA 4th Edition:

- Die Benennung „Verfahren 2“ findet sich dort nicht wieder, die Methode heißt „Gage Repeatability und Reproducibility“ und steht an 5. Stelle im Kapitel III.B
- Der Bezug für %GRR ist die Total Variation, die vorliegende beobachtete Prozessstreuung, die mit unterschiedlichen priorisierten Methoden ermittelt werden kann
- Ist die aktuelle Prozessstreuung nicht aus dem Versuch schätzbar (Priorität 1), dann dürfen alternative Schätzmethoden angewandt werden, dazu gehört auch die Annahme der Toleranz als Bezug (Priorität 4)
- Erklärtes Ziel der AIAG MSA ist, Standardabweichungen zu vergleichen. Falls GRR auf die Toleranz T bezogen wird, dann muss GRR mit dem Faktor 6 erweitert werden (bzw. der Bezug ist T/6)
- Nach AIAG MSA gilt: Ein Messsystem mit einer Streuung von
    - %GRR ≤ 10% kann im allgemeinen als fähig angesehen werden
    - 10% ≤ %GRR ≤ 30% kann für einige Anwendungen akzeptabel sein (Risikoanalyse erforderlich, Kunden einbeziehen)
    - %GRR ≥ 30% wird als nicht akzeptabel angesehen
- Die Anwendung der ANOVA-Methode ist „recommended“
- Eine „additional width error metric“ ist der Kennwert ndc, die „Anzahl unterscheidbarer Messwertklassen“

Abb. 4-39: Abweichende Vorgehensweise nach AIAG MSA 4th Edition

Die Total Variation TV kann mit folgenden Methoden ermittelt werden, wobei die Reihenfolge auch die Priorisierung darstellt.

1. Ermittlung der Part Variation PV aus den typischerweise 10 repräsentativ ausgewählten Messobjekten. Mit dem in Verfahren 2 ermittelten Wert für GRR kann $TV=\sqrt{PV^2+GRR^2}$ errechnet werden.
2. Sind keine repräsentativen Teile vorhanden, kann TV aus einer bekannten (historischen) Prozessstreuung geschätzt werden. Es gilt TV = 1/6 Prozessstreuung, wobei keine Angaben gemacht werden, wie die Prozessstreuung errechnet wird. Üblich ist die Annahme des 99,73% Streubereiches, bei Normalverteilung identisch mit 6s.
3. Sind keine bekannten historischen Daten verfügbar, so kann aus einer Fähigkeitsforderung P_p oder C_p für den Fertigungsprozess die maximal erlaubte Prozessstreuung $TV=T/(6 \cdot C_p)$ geschätzt werden.
4. Sind auch keine Fähigkeitsforderungen vorhanden, dann kann als Referenz 1/6 der Toleranz herangezogen werden TV = T/6. Dies entspricht der in der Automobilindustrie üblichen Vorgehensweise.

In der praktischen Umsetzung kann ein Prozessbezug in Ausnahmefällen sinnvoll sein. Meist ist sehr schwer zu beurteilen, ob die Messobjekte einen Fertigungsprozess repräsentativ darstellen. Oftmals werden fälschlicherweise Teile gezielt über die Toleranz oder die erwartete Prozessstreuung ausgesucht, was aber nicht einer repräsentativen Stichprobe entspricht. Bei der Ermittlung von PV aus 10 Teilen, die den 99,73% Streubereich des Prozesses komplett überdecken, wird die Referenz um 100-200% überschätzt.

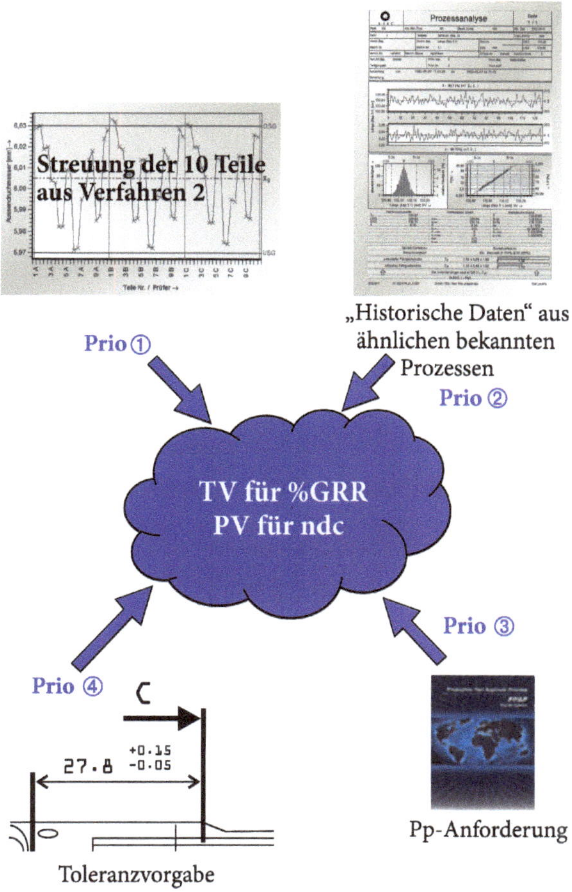

Abb. 4-40: Bezugsgrößen nach AIAG MSA 4th Edition

4.5.6.3 Kennwert ndc

Unter ndc (number of distinct categories) versteht man die Anzahl der Kategorien (Klassen), die durch ein Messsystem noch eindeutig unterschieden werden können.

$ndc = \sqrt{2} \cdot (PV/GRR)$ Anforderung $ndc \geq 5$

Das Ergebnis ist immer auf die nächste ganze Zahl abzurunden, bei ndc = 0 gilt ndc = 1.

Die Bezugsgröße PV ergibt sich nach AIAG MSA 4th Edition [1] aus Ermittlung von TV.

1. TV aus repräsentativen Teilen: Die dabei ermittelte Part Variation PV gilt als Referenz für den ndc
2. TV aus historischen Daten: $PV = \sqrt{TV^2 - GRR^2}$
3. TV aus P_p/C_p: $PV = \sqrt{\left(\frac{T}{6Cp}\right)^2 - GRR^2}$
4. TV aus T/6: $PV = \sqrt{\left(\frac{T}{6}\right)^2 - GRR^2}$

Durch diesen Bezug kann allerdings ndc direkt aus %GRR errechnet werden

$$ndc = \sqrt{2 \cdot \left(\frac{1}{\%GRR^2} - 1\right)}$$

Das bedeutet, für %GRR=10% ist ndc=14, für %GRR=20% ist ndc = 6 und für %GRR = 30% ist ndc=4.

Diese Bewertung ist redundant und entspricht nicht den Anforderungen für %GRR.

Vielfach wird PV für die Berechnung des ndc pauschal über die Streuung der Messobjekte ermittelt, während %GRR auf die Toleranz bezogen wird. Damit ist ndc aber kein Maß für die Qualität des Messsystems, das in Bezug auf die Toleranz bewertet wird. Vielmehr ist der ndc eine Aussage über die Streuung der in der Studie benutzten Teile.

$$ndc = 1{,}41 \cdot \frac{PV}{GRR}$$

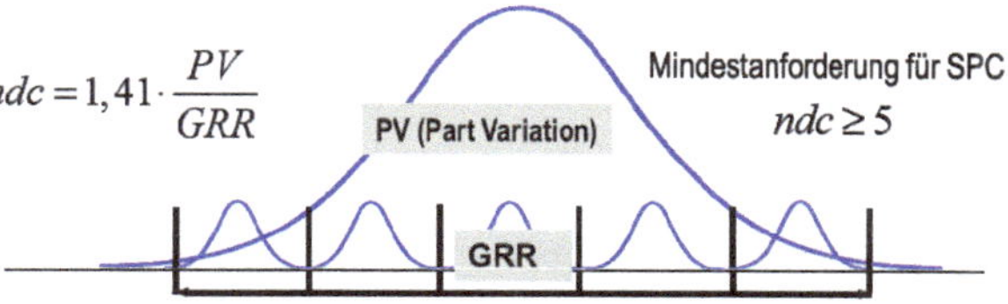

Abb. 4-41: ndc teilebezogen

Kritik von Donald J. Wheeler am ndc

In der MSA 3rd Edition wird der ndc zurückgeführt auf ein Buch von Donald J. Wheeler aus 1984. In [18] hat Wheeler darauf hingewiesen, dass dieser von ihm „classification ratio“ genannte Kennwert nicht die Anzahl der unterscheidbaren Messwertklassen errechnet, und darüber hinaus keinerlei praktischen Interpretationen liefert. Er bezeichnet den Kennwert als Irrtum und in der Praxis völlig untauglich. Deshalb hatte Wheeler den Kennwert schon in der zweiten Auflage seines Buches 1989 durch eine „discrimination ratio“ ersetzt. In der MSA 4th Edition ist dieser Quellverweis auf Wheeler nicht mehr vorhanden, die Berechnung und Interpretation wird allerding unverändert aufrechterhalten.

ndc und Auflösung (RE):

Oftmals wird der ndc als „effektive Auflösung“ bezeichnet. Diese Interpretation ist möglich und gilt ebenso für %GRR, führt aber leicht zu Missverständnissen und entspricht nicht der Definition nach AIAG MSA[1]. Dort ist die effektive Auflösung mit einer Dimension (z. B. mm) angegeben und entspricht der Sensitivität, wird aber in einem Kapitel dem ndc gegenübergestellt. Im Gegensatz zur Auflösung der Anzeige RE (siehe Kapitel 4.1) enthalten ndc und %GRR die Gesamtstreuung des Systems und beschreiben empirische Messunsicherheitskomponenten nach Verfahren 2. Der Kennwert %RE kann dagegen schon in der Vorauswahl beurteilt werden und stellt sicher, dass die Auflösung der Anzeige nicht das begrenzende Element des Systems darstellt.

$$\%GRR = \frac{GRR}{TV} \cdot 100\%$$

$$TV^2 = PV^2 + GRR^2$$

$$\%GRR = 10\% \quad ndc = 14$$

$$\%GRR = 20\% \quad ndc = 6$$

$$\%GRR = 30\% \quad ndc = 4$$

$$ndc = 1{,}41 \cdot \frac{PV}{GRR}$$

$$ndc = \sqrt{2 \cdot \left(\frac{TV^2}{GRR^2} - 1 \right)}$$

$$ndc = \sqrt{2 \cdot \left(\frac{1}{\%GRR^2} - 1 \right)}$$

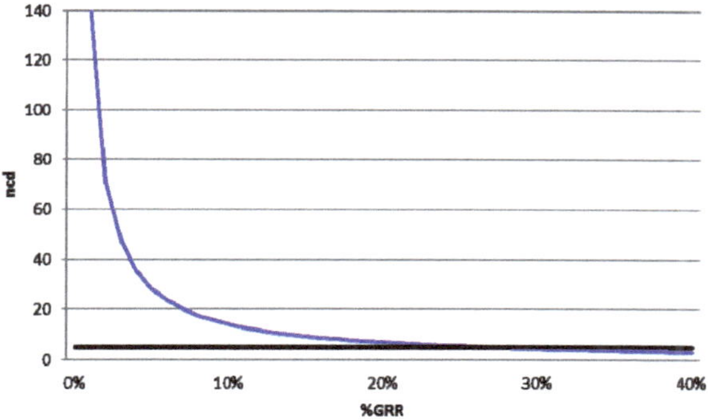

Abb. 4-42: ndc in Abhängigkeit von %GRR bei Teilebezug

4.6 Verfahren 3

4.6.1 Vorbemerkungen

Das Verfahren 3 ist ein Sonderfall des Verfahrens 2 und wird bei Messsystemen angewendet, bei denen Bedienereinfluss definitiv ausgeschlossen werden kann, bzw. der Bedienereinfluss nachweislich vernachlässigbar klein ist. Dies kann durch konstruktive Maßnahmen oder automatisches Handling erreicht werden. Diese Voraussetzung ist nicht zu verwechseln mit einer Anforderung AV=0, da sich Bedienereinfluss auch in EV oder IA zeigen kann (siehe Abb. 4-33).

Ziel des Verfahrens

Anhand des Kennwertes %GRR (hier identisch mit %EV) wird beurteilt, ob eine Messeinrichtung unter Verwendung von Messobjekten (z.B. Produktionsteilen) unter Betriebsbedingungen und Berücksichtigung des möglichen Einflusses der zu messenden Produktionsteile (Oberflächeneinfluss, Verschmutzung, Temperatureinfluss etc.) für die vorgesehene Messaufgabe geeignet ist.

Voraussetzung

Das Verfahren 3 darf nur nach erfolgreichem Nachweis der Eignung aus Verfahren 1 durchgeführt werden.

Abb. 4-43: Automatisierte bedienerunabhängige Inprocess-Messsysteme als Anwendung für Verfahren 3

4.6.2 Ablauf

Das nebenstehende Ablaufdiagramm zeigt den schematischen Ablauf. Im Detail ist zu beachten:

1. Schritt:
Festlegung der Anzahl

- Messobjekte ($n \geq 5$), die möglichst über die Toleranz verteilt sind und
- Messungen pro Messobjekt ($r \geq 2$).

Dabei muss das Produkt $n \cdot r$ größer gleich 30 sein ($n \cdot r > 30$). Typisch sind 25 Teile mit 2 Messungen pro Messobjekt.

2. Schritt:
Die Teile werden in zufälliger Reihenfolge nummeriert. Um den Einfluss des Messobjekts (z.B. Teilegeometrie) auszuschließen, wird die Messposition gekennzeichnet und dokumentiert. Die Einflussgrößen aus der Umgebung (z.B. Temperatur, Schwingungen usw.) sind festzuhalten.

3. Schritt
Die Messeinrichtung wird nach Vorschrift eingestellt. Die Messwerte der Messobjekte werden in der durch die Nummerierung vorgegebenen Reihenfolge und nach der gültigen Vorschrift unter Beachtung der Messposition ermittelt. Die Messwerte werden dokumentiert.

In derselben Reihenfolge und nach derselben Verfahrensweise werden die Merkmalswerte der Teile ein zweites Mal ermittelt. Die Messergebnisse der zweiten Messung dürfen von der ersten Messung nicht beeinflusst werden. Während der Durchführung der Untersuchung sind Veränderungen an der Messeinrichtung nicht zulässig.

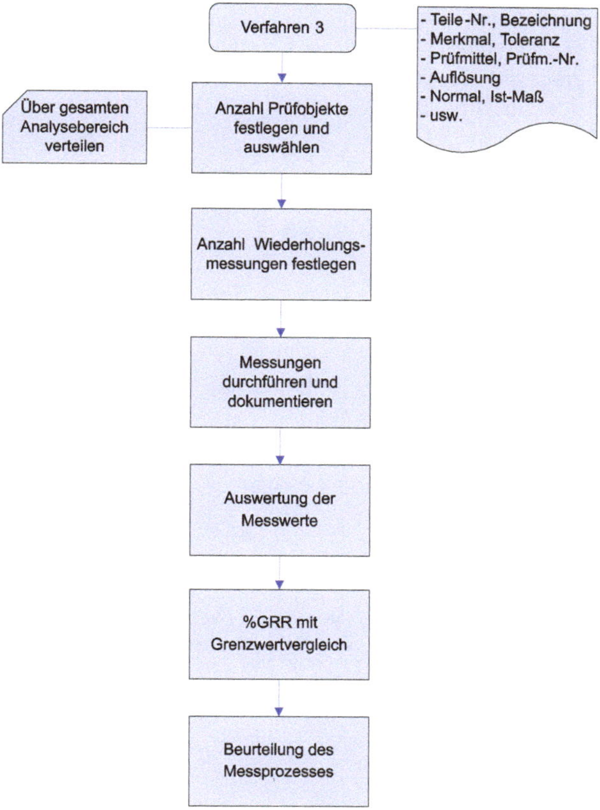

Abb. 4-44: Ablaufdiagramm Verfahren 3

4. Schritt:

Um eine korrekte Auswertung zu erhalten, sind bei softwaregestützter Auswertung in der Merkmalsmaske folgende Felder auszufüllen:

- Auflösung
- Anzahl Messungen
- Anzahl Teile
- Auswertetyp
- Obere und untere Spezifikationsgrenze

Die weiteren Felder sollten soweit gefüllt werden, dass eine eindeutige Identifikation des Messsystems und der Untersuchung selbst (Grund, Datum, etc.) möglich ist.

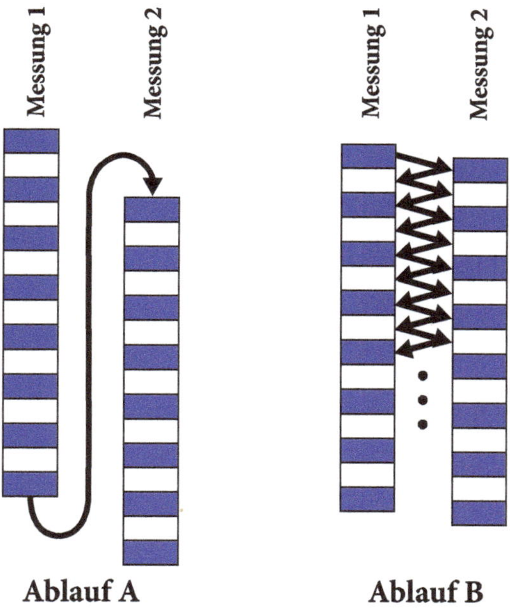

Abb. 4-45: Je nach technischen Anforderungen sind unterschiedliche Messabläufe denkbar. Ablauf A erkennt kurzzeitige Drift als Wiederholpräzision, Ablauf B nicht.

4.6.3 Grafische Beurteilung

Auch hier gilt, dass die grafische Beurteilung einer reinen Kennwertbildung in Ursachenforschung überlegen ist. So kann z. B. in einem Abweichungsdiagramm oder einer Regelkarte sehr gut erkannt werden, ob eine mangelnde Wiederholbarkeit durch eine konstant hohe Streuung oder singuläre Effekte hervorgerufen wird. Falls bei der Streuung einzelne Teile dominieren, sind diese Teile auf Einflussmöglichkeiten zu untersuchen (z. B. Formfehler, Beschädigungen, Positionierung, ...)

4.6.4 Berechnung nach ANOVA oder ARM

Es gelten die gleichen Anmerkungen wie unter 4.5.1. Die Berechnung nach der ANOVA Methode ist zu bevorzugen.

5. Schritt

Berechnung der Wiederholpräzision EV (Equipment Variation / Repeatability). Andere Einflussgrößen werden üblicherweise nicht berechnet oder können nicht berechnet werden.

6. Schritt

(Formale) Berechnung der GRR (Gage Repeatability und Reproducibility) aus der Wiederholpräzision

$$GRR = EV$$

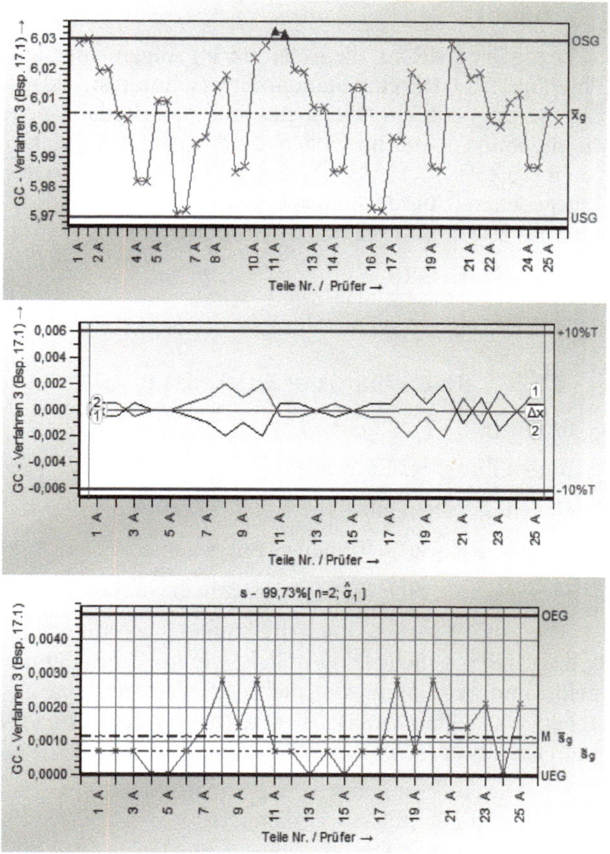

Abb. 4-46: Grafische Bewertung (Messwerte, Abweichungen, QRK-Streuungskarte)

7. Schritt

Bezug der GRR auf die Referenz, im Allgemeinen auf die Toleranz. Da GRR eine Standardabweichung ist, muss eine Erweiterung auf ein Vielfaches der Standardabweichung durchgeführt werden. Üblich sind Erweiterungsfaktoren von 4 (95,45%), 5,15 (99%) oder 6 (99,73%) mit den jeweils angegebenen Überdeckungsbereichen. In AIAG MSA [1] wird ein Erweiterungsfaktor 6 gefordert.

$$\%GRR = \frac{6 \cdot GRR}{T} \cdot 100\%$$

4.6.5 Beurteilung der Ergebnisse

8. Schritt

Beurteilung des Ergebnisses

Das Messsystem gilt als geeignet, wenn

- $\%GRR \leq 20\%$ für neue Messsysteme
- $\%GRR \leq 30\%$ für Messsysteme in Gebrauch

Alternativ dazu sind auch dreistufige Bewertungen fähig/ bedingt fähig / nicht fähig üblich, wie in Abb. 4-39 dargestellt. Sind bei einem oder mehreren Prüfern keine Streuungen feststellbar, so ist dies zu begründen. Dieser Fall kann z.B. unter folgenden Bedingungen auftreten:

- Die Auflösung der Messeinrichtung reicht nicht aus, um die Einflüsse zu erkennen.
- Fehler in der Messeinrichtung (z.B. Messtaster klemmt).

Siehe dazu auch die Anmerkungen in Abb. 4-12.

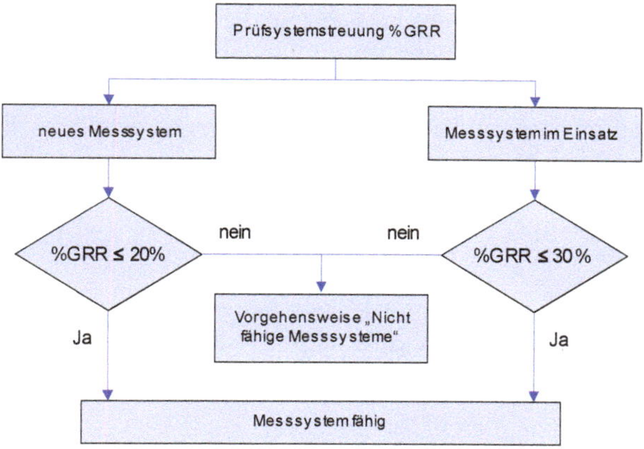

Abb. 4-47: Beurteilung %GRR, alternativ siehe Abb. 4-39

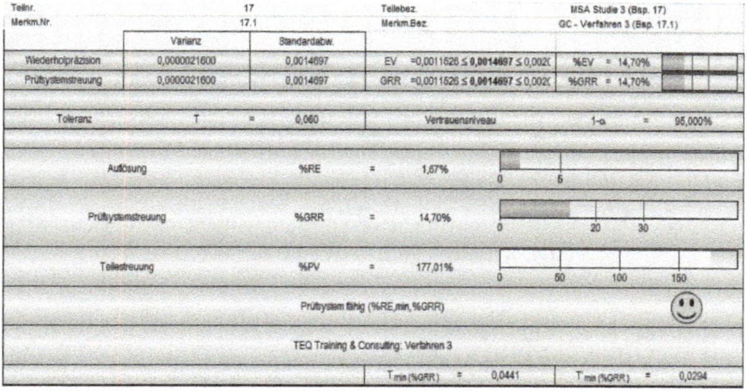

Teilnr.	17		Teilebez.	MSA Studie 3 (Bsp. 17)
Merkm.Nr.	17.1		Merkm.Bez.	GC - Verfahren 3 (Bsp. 17.1)
	Varianz	Standardabw.		
Wiederholpräzision	0,0000021600	0,0014697	EV =0,0011526 ≤ **0,0014697** ≤ 0,002(	%EV = 14,70%
Prüfsystemstreuung	0,0000021600	0,0014697	GRR =0,0011526 ≤ **0,0014697** ≤ 0,002(	%GRR = 14,70%
Toleranz	T =	0,060	Vertrauensniveau	1-α = 95,000%
Auflösung	%RE =	1,67%	0 5	
Prüfsystemstreuung	%GRR =	14,70%	0 20 30	
Teilestreuung	%PV =	177,01%	0 50 100 150	
	Prüfsystem fähig (%RE,min,%GRR)			
	TEQ Training & Consulting: Verfahren 3			
			$T_{min (\%GRR)}$ = 0,0441	$T_{min (\%GRR)}$ = 0,0294

Abb. 4-48: Formblatt Auswertungsergebnisse

Überschreitet das Messsystem die oben genannten Grenzen, so ist es für diese Anwendung nicht geeignet.

Die Streukomponenten EV ist durch geeignete Maßnahmen zu reduzieren, bis die Forderung erfüllt ist. Eventuell ist ein anderes Messverfahren oder eine bessere Entkopplung von Umwelteinflüssen notwendig (siehe hierzu auch Vorgehensweise „Nicht fähige Messsysteme“).

4.6.6 Dokumentation der Untersuchung

Bericht über ein Merkmal

Das Ergebnis der Fähigkeitsuntersuchung ist umfassend zu dokumentieren. Dazu gehören:

- Kopfdaten zur Identifikation des Messverfahrens und Zuordnung zu der jeweiligen Messaufgabe
- Numerische Werte sowie deren grafische Darstellung
- Zusammenfassung der statistischen Kennwerte
- Beurteilung des Ergebnisses sowie die verwendete Auswertemethodik
- Unterschrift mit Datum, um die korrekte Durchführung zu dokumentieren.

Es gelten die Hinweise aus 4.5.5 zu Verfahren 2 entsprechend.

Q-DAS®

Messsystemanalyse

Verfahren 3

Seite 1 / 1

Akt. Dat. 2014-08-08	Bearb.Name NN	Abt./Kst./Prod. NN	Prüfort

Prüfmittel	Teil	Merkmal
Prfm.Bez.	Teilebez. MSA Studie 3 (Bsp. 17)	Merkm.Bez. GC - Verfahren 3 (Bsp. 17.1)
Prfm.Nr.	Teilnr. 17	Merkm.Nr. 17.1
Prfm.Aufl. 0,001		Nennm. 6,000 OSG 6,030 = 0,030
Prüfgrnd.		Einh. USG 5,970 = -0,030

Bemerkung

n	x_{A1}	x_{A2}	$\bar{x}_{gi}$	s_{gi}
1	6,029	6,030	6,0295	0,0007
2	6,019	6,020	6,0195	0,0007
3	6,004	6,003	6,0035	0,0007
4	5,982	5,982	5,9820	0,0000
5	6,009	6,009	6,0090	0,0000
6	5,971	5,972	5,9715	0,0007
7	5,995	5,997	5,9960	0,0014
8	6,014	6,018	6,0160	0,0028
9	5,965	5,987	5,9860	0,0014
10	6,024	6,028	6,0260	0,0028
11	6,033	6,032	6,0325	0,0007
12	6,020	6,019	6,0195	0,0007
13	6,007	6,007	6,0070	0,0000
14	5,985	5,986	5,9855	0,0007
15	6,014	6,014	6,0140	0,0000
16	5,973	5,972	5,9725	0,0007
17	5,997	5,996	5,9965	0,0007
18	6,019	6,015	6,0170	0,0028
19	5,987	5,986	5,9865	0,0007
20	6,029	6,025	6,0270	0,0028
21	6,017	6,019	6,0180	0,0014
22	6,003	6,001	6,0020	0,0014
23	6,009	6,012	6,0105	0,0021
24	5,987	5,987	5,9870	0,0000
25	6,006	6,003	6,0045	0,0021

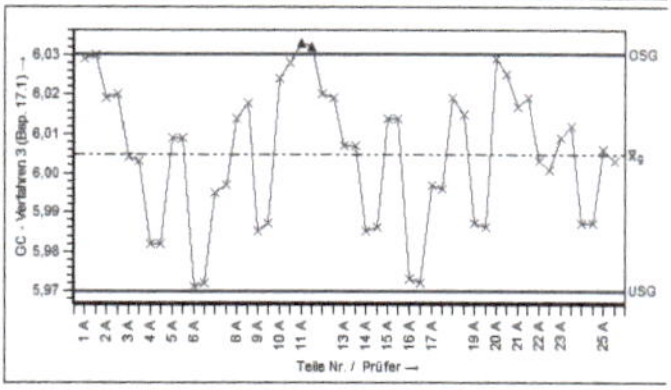

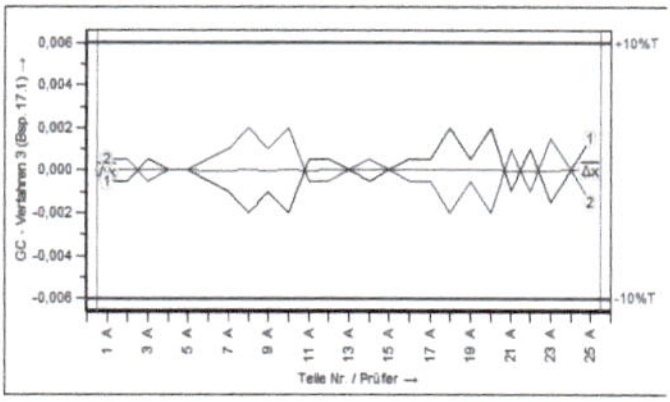

Teilnr.	17	Teilebez.	MSA Studie 3 (Bsp. 17)
Merkm.Nr.	17.1	Merkm.Bez.	GC - Verfahren 3 (Bsp. 17.1)

	Varianz	Standardabw.		
Wiederholpräzision	0,0000021600	0,0014697	EV = [illegible] ≤ 0,0014697 ≤ [illegible]	%EV = 14,70%
Prüfsystemstreuung	0,0000021600	0,0014697	GRR = [illegible] ≤ 0,0014697 ≤ [illegible]	%GRR = 14,70%

Toleranz	T = 0,060	Vertrauensniveau	1-α = 95,000%
Auflösung	%RE	=	1,67%
Prüfsystemstreuung	%GRR	=	14,70%
Teilestreuung	%PV	=	177,01%
Zahl d. unterscheidb. Messwertklassen (ndc)	ndc	=	17

Prüfsystem fähig (%RE,min,%GRR)

TEQ Training & Consulting Verfahren 3

T_{min} [illegible] = 0,0441 T_{min} [illegible] = 0,0294

Datum ______ Unterschrift ______ Abteilung ______

2014-08-08 10 / 131127 GC Verfahren.def Q-DAS / TEQ - intern Time Limited 90 days TEST_17.DFQ

Abb. 4-49: Ausdruck Gesamtergebnis Verfahren 3

Bericht bei mehreren Merkmalen

Für eine effiziente Beurteilung eines Teils mit mehreren Merkmalen, empfiehlt sich zunächst eine Übersichtsdarstellung am Bildschirm anzuzeigen oder ausdrucken zu lassen. Diese sollte die wichtigsten statistischen Kennwerte in tabellarischer Form bzw. in grafischer Form zeigen.

Die statistischen Kennwerte wie EV und GRR werden in einem sogenannten Balkendiagramm visualisiert. Durch entsprechende farbliche Markierung der Balken kann so schnell ermittelt werden, welche Merkmale den Eignungsnachweis nicht bestanden haben. Anschließend sind die nicht fähigen Merkmale separat zu analysieren.

In der tabellarischen Form kann zur besseren Entscheidungsfindung das Ergebnis mittels eines Zeichens wie „Smiley“ hervorgehoben werden.

4.6.7 Auswertung nach AIAG MSA 4th Edition

Das Verfahren 3 wird in der AIAG MSA nicht explizit beschrieben sondern fällt unter die dort genannte Gage R&R-Methode, die hier unter Verfahren 2 detailliert beschrieben wurde (s. Kapitel 4.5.6). Alle Anmerkungen gelten entsprechend, auch die Anmerkungen zum ndc.

Q-DAS	**Messsystemanalyse**		Seite 1 / 1
Werk NN	Abt./Kst./Prod. NN	Bearb.Name NN	Akt. Dat. 2014-08-08

Teil		
Teilebez.	Wkst.Bez.	Prüfeinr.Bez.
Teilenummer 17	Hrst.Name	Prüfgrnd.
Bem.		

Merkm.Nr.	Merkm.Bez.	n_{eff}	T	%EV	%AV	%IA	%GRR	Gesamtbe
17.1	Merkmal 17.1	50	0,040	22,05%	—	—	22,05%	
17.2	Merkmal 17.2	50	0,080	11,02%	—	—	11,02%	
17.3	Merkmal 17.3	50	0,027	32,66%	—	—	32,66%	
17.4	Merkmal 17.4	50	0,100	8,82%	—	—	8,82%	

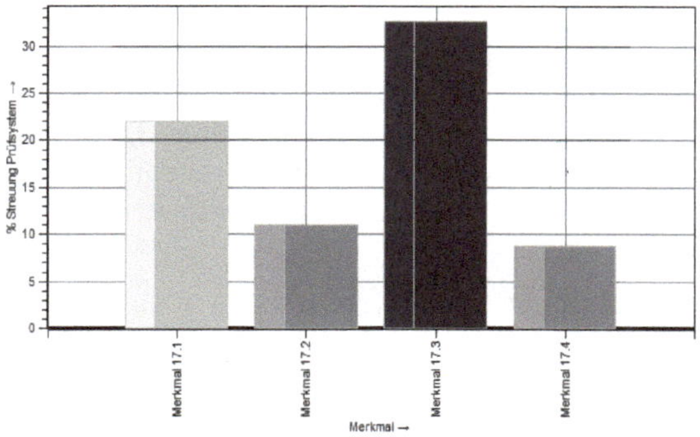

Datum ______________ Unterschrift ______________ Abteilung ______________

2014-08-08 10 / 131127 Q-DAS / TEQ - intern Time Limited 90 days TEST_17M.DFQ

Abb. 4-50: Ausdruck Übersicht Verfahren 3

4.7 Messbeständigkeit / Stabilität

Ein Messprozess kann sich mit der Zeit verändern und muss daher kontinuierlich überwacht werden. Analog zum Fertigungsprozess gilt der Grundsatz, dass die Messergebnisse jederzeit mit einem fähigen Messprozess erzeugt werden müssen. Dazu wird das Messsystem in gleichmäßigen Intervallen mit einem Referenzteil überprüft und dokumentiert. Die Überprüfung erfolgt wie bei der Stabilitätsprüfung im Fertigungsprozess mit Hilfe einer Shewhart-Karte. Bei Verletzungen der Eingriffsgrenzen ist das Messsystem zu überprüfen und ggf. Verbesserungsmaßnahmen einzuleiten. Die Stichprobenentnahme darf nicht mit den Justierzyklen korrelieren.

Für kleinste Toleranzen, hoch instabile Messsysteme oder bei geringen Prüffrequenzen kann es auch erforderlich werden, vor jeder Messung zu kalibrieren. Einige Messsysteme enthalten dagegen eine eigene, systeminterne Stabilitätsüberwachung. In diesen Fällen entfällt die Stabilitätsprüfung.

Anmerkungen zum Referenzteil

Das Referenzteil muss langzeitstabil sein und das Maß in ausreichender Qualität abbilden. Es kann ein Werkstück sein, das diese Anforderungen erfüllt oder passend präpariert wurde (Oberflächenvergütung, gleiche Geometrie aber Werkstoff mit besseren Stabilitätseigenschaften, etc.). Die Anmerkung zur Qualität des Referenzteils aus Kapitel 4.5.2 sind auch hier zu beachten. Alternativ kann das Referenzteil durch ein Normal ersetzt werden, wie in Verfahren 1 beschrieben.

Das Referenzteil sollte nicht identisch mit dem Einstellmeister sein.

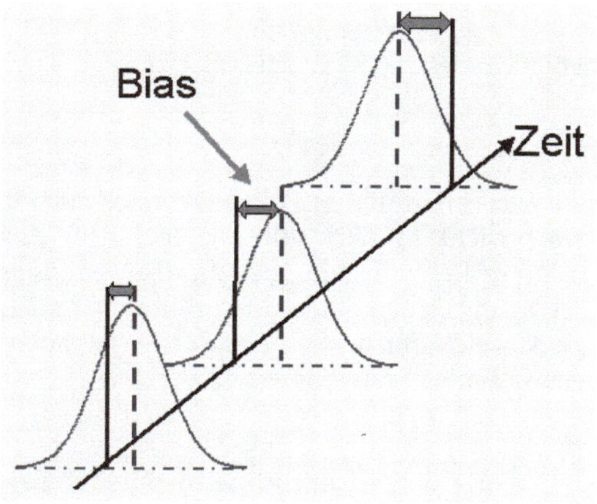

Abb. 4-51: Stabilität

Abb. 4-52: Prüfintervalle zur Stabilitätsbeurteilung

1. Schritt:

Dokumentation der Daten zu Messeinrichtung, Normal, Merkmal, Toleranz etc.

2. Schritt:

Ein Referenzteil im mittleren Toleranzbereich auswählen und die Messeinrichtung nach gültiger Vorschrift einstellen. Falls mehrere Referenzteile über den Anwendungsbereich zur Verfügung stehen, kann durch Führen von Regelkarten über Abweichungen statt Absolutwerten auch die Linearität des Systems überwacht werden.

3. Schritt:

Art und Umfang der Stichprobenentnahme sowie Art der Shewhart-Qualitätsregelkarte festlegen.

- Stichprobenumfang n = 2 bis 5, gleitend/fest
- Stichprobenfrequenz
- Nichteingriffswahrscheinlichkeit
- Schätzer für Lage und Streuung

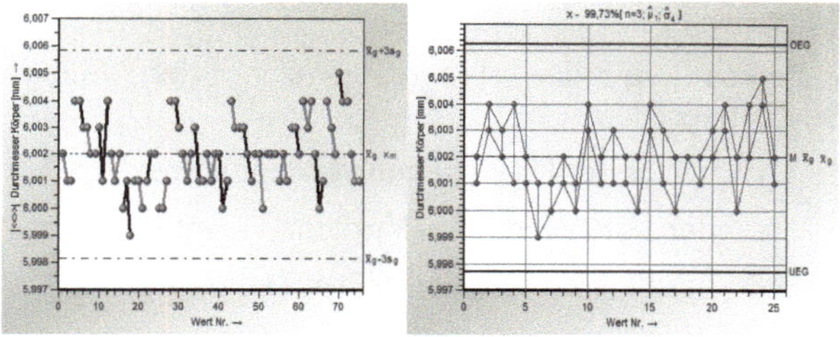

Abb. 4-53: Vorlauf („Einmessen") des Messsystems mit Referenzteil und daraus entstandene Urwertkarte (Stichprobengröße n=3)

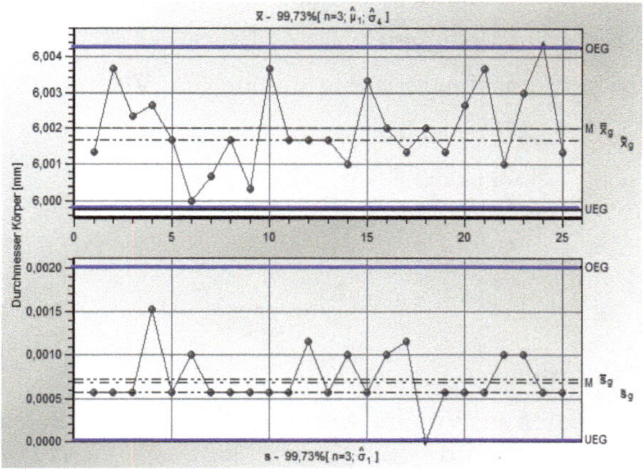

Abb. 4-54: Aus Vorlauf errechnete $\overline{X}$ -s-Karte

4. Schritt:

Berechnung der Eingriffsgrenzen der Shewhart-Qualitätsregelkarte.

Als Schätzer der Lage $\hat{\mu}$ kann verwendet werden:

- der Mittelwert eines Vorlaufs
- der Referenzwert des Normals oder
- der Mittelwert aus Verfahren 1

Für den Schätzer der Streuung $\hat{\sigma}$ kann verwendet werden:

- die Standardabweichung eines Vorlaufs
- s_g aus Verfahren 1
- die maximal erlaubte Streuung aus Verfahren 1
    - 3,75% der Toleranz
      (abgeleitet aus $C_g = \frac{0{,}2 \cdot T}{4 \cdot s} \geq 1{,}33$)
    - 2,5% der Toleranz
      (abgeleitet aus $C_g = \frac{0{,}2 \cdot T}{6 \cdot s} \geq 1{,}33$)

Empfehlung:

- Daten aus Vorlauf, wenn ein Werkstück als Referenz genutzt wird
- Daten aus Verfahren 1, wenn dieses Referenzteil auch zur Stabilitätsprüfung genutzt wird
- speziell bei einer QRK aus Verfahren 1 müssen die Grenzen nach einiger Zeit auf Grund zusätzlicher unvermeidbarer Störeinflüsse ggf. nochmals angepasst werden.

Hinweis: Der Abstand der Eingriffsgrenzen sollte bei grenzlagiger Auflösung (siehe Kapitel 4.1) nicht kleiner als 10% der Toleranz sein. Andernfalls könnten aufgrund der endlichen Auflösung des Messmittels Verletzungen der Eingriffsgrenzen provoziert werden, obwohl der Messprozess stabil ist.

$\overline{x}$-Karte:

$$OEG_{\overline{x}} = \hat{\mu} + 3 \cdot \frac{\hat{\sigma}}{\sqrt{n}} \qquad UEG_{\overline{x}} = \hat{\mu} - 3 \cdot \frac{\hat{\sigma}}{\sqrt{n}}$$

s-Karte:

$$OEG_s = B_{Eob} \cdot \hat{\sigma} \qquad UEG_s = B_{Eun} \cdot \hat{\sigma}$$

B_{Eob}, B_{Eun} siehe [1] und [2]

Nichteingriffswahrscheinlichkeit 99,73%

Abb. 4-55: Berechnung Eingriffsgrenzen

5. Schritt:

Die Kurzzeit-Stabilitätsprüfung sollte nach Möglichkeit über mindestens einen Tag hinweg erfolgen. In diesem Zeitraum sollten Stichproben in möglichst kurzen Intervallen durchgeführt werden. Die Stichprobenentnahme muss unabhängig vom Justiervorgang erfolgen.

6. Schritt:

Zur Festlegung des Langzeit-Überwachungsintervalls sind folgende Fälle nach Abb. 4-56 zu unterscheiden.

Weiterhin gilt, dass die Stichprobenentnahme unabhängig vom Justiervorgang erfolgen muss und dass das Referenzteil nicht identisch mit dem Einstellmeister sein sollte.

7. Schritt:

Zur kontinuierlichen Stabilitätsüberwachung werden die gemessenen Werte in den unter Schritt 6 festgelegten Zeitabständen in die Qualitätsregelkarte eingetragen. Ansonsten gelten die bei SPC-Qualitätsregelkarten üblichen Vorgehensweisen.

Fall A: Liegen die Messwerte innerhalb der vorgegebenen Eingriffsgrenzen und ist eine Streuung zu erkennen, sind die Kalibrier-/Justier- und Stabilitätsprüfintervalle vermutlich richtig gewählt und sollten so weitergeführt werden.

Fall B: Liegen die Messwerte innerhalb der vorgegebenen Eingriffsgrenzen und ist keine signifikante Streuung zu erkennen, dann können die Prüfintervalle vergrößert werden, da das Messsystem ausreichend stabil ist. Das Intervall sollte eine Schicht nicht überschreiten.

Fall C: Treten Über- oder Unterschreitungen der vorgegebenen Eingriffsgrenzen auf, ist das Prüfintervall so zu verkürzen, dass die Messwerte innerhalb der Grenzen verbleiben und ggf. das Justierintervall anzupassen. Ist ein Trend erkennbar, sollten die Gründe untersucht werden.

Fall D: Treten trotz Optimierung des Kalibrier-/Justierintervalls weiterhin Über- und Unterschreitungen auf, so ist die Messeinrichtung zu verbessern.

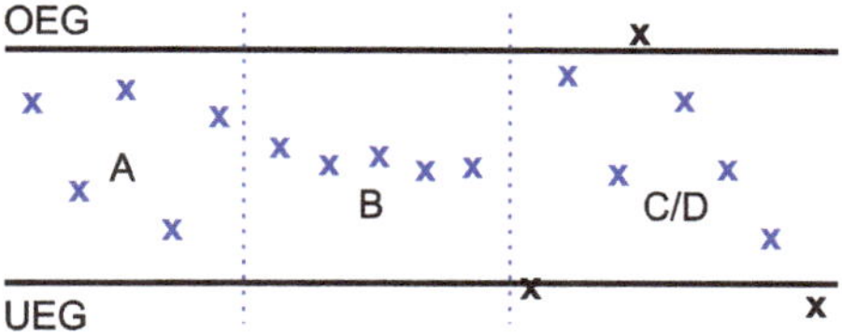

Abb. 4-56: Mögliche Ergebnisse der Stabilitätsüberwachung

4.8 Attributive Mess- und Prüfprozesse

Nach einer Definition in der MSA 4th Edition [1] ist ein attributives „Messsystem" ein System, das nur eine begrenzte Anzahl Kategorien liefert, im gebräuchlichsten Fall einer Gut/Schlecht-Lehre sogar nur zwei mögliche Ergebnisse.

Ziel einer Unsicherheitsstudie für attributive Systeme ist die Bestimmung des Graubereiches, in dem Fehlentscheidungen bei einer Konformitätsprüfung bezüglich Toleranzgrenzen auftreten können.

Für die Bestimmung werden in der AIAG MSA [1] drei Verfahren vorgeschlagen:

- Risikoanalysen auf Basis von Hypothesentests mit Hilfe der Kappa- und Kreuztabellen-Methoden und Effizienzbewertungen
- Signalerkennung mit direkter experimentelle Bestimmung der „Grauzonen"
- Analytische Methode über die Häufigkeit gleicher Entscheide im Wahrscheinlichkeitsnetz

Die Kappa-Verfahren können die Unsicherheit (Grauzone) nicht bestimmen, sondern sind eine Übereinstimmungsanalyse. Auch ist der Kennwert Kappa statistisch nicht fundiert. Dennoch soll diese Methode auf Grund ihrer Verbreitung hier vorgestellt werden, auch weil einzig diese Methode keine Referenz-Messwerte verlangt.

Die bei der analytischen Methode notwendigen Voraussetzungen sind in der Praxis nur schwer realisierbar, weshalb hier nur auf die Literatur [1] verwiesen wird.

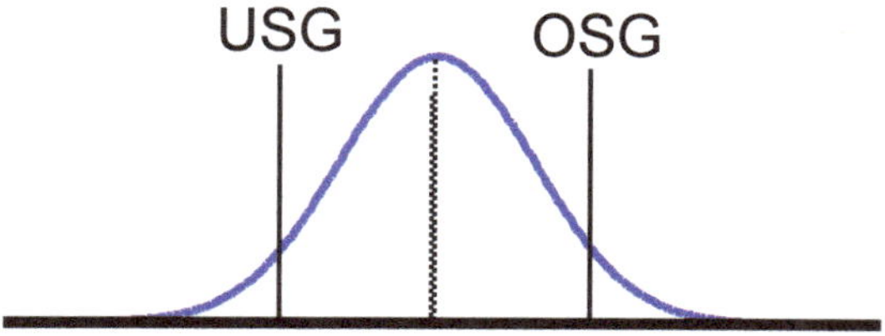
USG
OSG

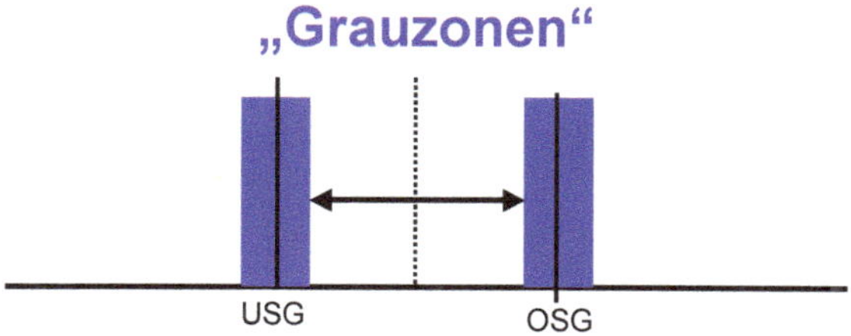
„Grauzonen“
USG
OSG

-16
35 h6
0

Kappa-Methoden

Die Kappa-Methoden bewerten die gefundenen Übereinstimmungen von Prüfern im Vergleich mit den rein zufällig zu erwartenden Übereinstimmungen. In der Praxis werden die Berechnungen nach

- Cohens Kappa und
- Fleiss Kappa

unterschieden. Die praktische Versuchsdurchführung und Definiton des Kappa-Wertes ist bei beiden Methoden identisch, die Zählung der Übereinstimmungen allerdings unterschiedlich. Für Details sei auf die AIAG MSA [1] und Bosch Heft 10 [15] verwiesen.

1. Schritt:

Dokumentation der Daten zu Messeinrichtung, Referenzteil, Merkmal, Toleranz etc.

Festlegung der Anzahl Prüfer ($k \geq 2$) und die Anzahl der Messungen pro Prüfer ($r \geq 2$).

Typisch sind 2-3 Prüfer, die je 2-3 Messreihen mit dem nachfolgend definierten Referenzlos durchführen.

2. Schritt:

Grenzmusterkatalog als Vergleichsstandard erstellen, gegen den die Prüfobjekte verglichen werden können. Anzahl und Beschreibung der Kategorien festlegen (gut/schlecht, Noten 1-4, ...)

Prüfentscheide 3 Prüfer 3 Durchgänge

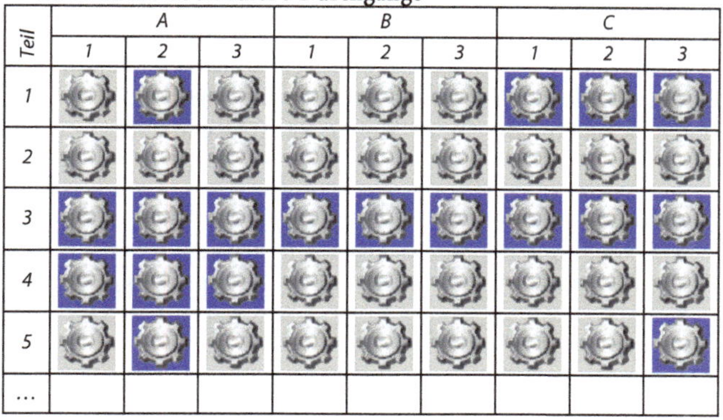

Beispiel: Paarweise Kombinationen nach Cohen (AIAG MSA)

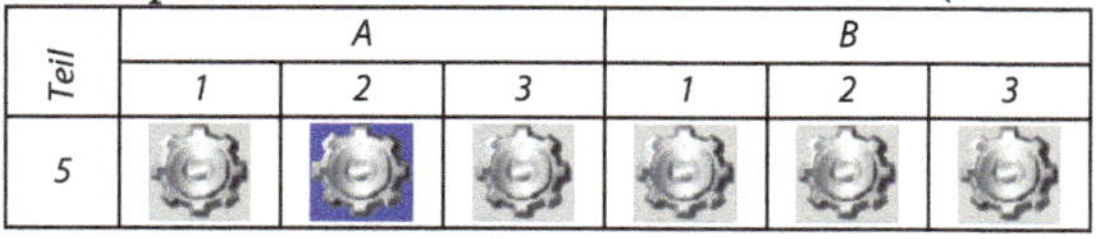

AxB hat 2 von 3 möglichen Übereinstimmungen gefunden
(A1xB1 und A3xB3 stimmen überein; A2xB2 stimmen nicht überein)

Beispiel: Paarweise Kombinationen nach Fleiss (Bosch Heft 10)

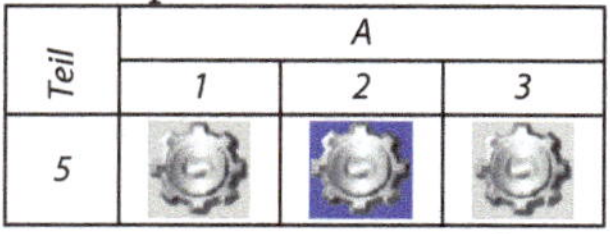

AxA hat 2 von 6 möglichen Übereinstimmungen gefunden (A1xA3 und A3xA1 stimmen überein; A1xA2, A2xA1, A2xA3, A3xA2 stimmen nicht überein)
Teil 5 zeigt für alle Prüfer AxBxC 44 beobachtete von 72 möglichen Übereinstimmungen

Abb. 4-57: Zählung von Übereinstimmungen nach Cohen und Fleiss

3. Schritt:

Referenzlos zusammenstellen, so dass alle für die Prüfung relevanten Eigenschaften in repräsentativer Häufigkeit auftreten. Der Losumfang sollte sinnvollerweise 100-200 Teile betragen, die in zufälliger Reihenfolgen nummeriert sind.

4. Schritt:

Der weitere Ablauf folgt dem Verfahren 2. Die Prüfer bewerten abwechselnd die Teile in zufälliger Reihenfolge und wiederholen danach den gesamten Durchlauf.

5. Schritt:

Zählung der gefundenen übereinstimmenden Entscheidungen P_{obs} nach Cohen oder Fleiss. P_{obs} ist in Prozent der Gesamtentscheidungen angegeben.

6. Schritt:

Berechnung der rein zufällig zu erwartenden Übereinstimmungen P_{exp} in Prozent der Gesamtentscheidungen

7. Schritt:

Berechnung des Kappa-Wertes, der den Anteil der gefundenen nicht zufälligen Übereinstimmungen repräsentiert.

$$\kappa = \frac{P_O - P_E}{1 - P_E}$$

A x B		Prüfer B +	Prüfer B -	Σ
Prüfer A	+	44	6	50
		15,7	*34,3*	
	-	3	97	100
		31,3	*68,7*	
Σ		47	103	150

(Beispiel hier exemplarisch eine Cchen's Kappa Methode)

observed

$$P_O = \frac{44 + 97}{150}$$

$$P_O = 0,94$$

expected

$$P_E = \frac{15,7 + 68,7}{150}$$

$$P_E = 0,56$$

$$\kappa = \frac{P_O - P_E}{1 - P_E} = \frac{0,94 - 0,56}{1 - 0,56} = \frac{0,38}{0,44} = 0,86$$

$\kappa = 1$ Alle möglichen Übereinstimmungen gefunden

$\kappa = 0$ Nicht besser als „reiner Zufall"

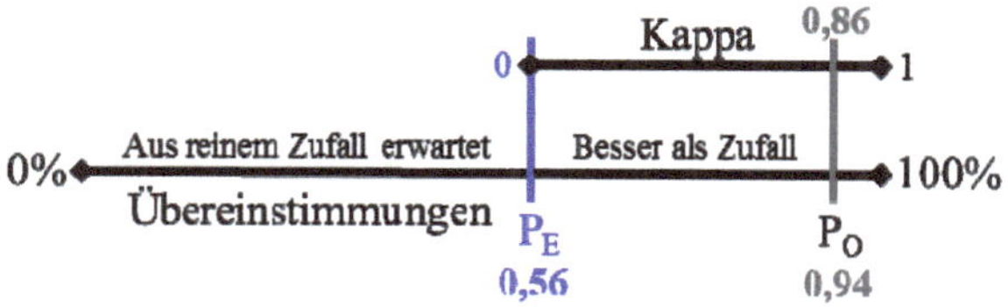

Abb. 4-58: Berechnung und Bewertung nach der Kappa-Methode

8. Schritt:

Analyse der Kappa-Werte.

Nach Cohen werden die Prüfer paarweise untereinander und einzeln gegen die Referenz R bewertet. Bei drei Prüfern erhält man somit 6 Kappa-Werte (AxB, AxC, BxC, AxR, BxR, CxR)

Nach Fleiss werde die Prüfer mit sich selbst verglichen sowie alle untereinander. Ebenso wird jeder Prüfer mit der Referenz R und alle gemeinsam gegen die Referenz verglichen. Bei drei Prüfern erhält man somit 8 Kappa-Werte (AxA, BxB, CxC, AxBxC, AxR, BxR, CxR, AxBxCxR)

9. Schritt:

Bewertung

Nach AIAG MSA [1] (Cohens Kappa)

$\kappa \geq 0{,}75$: Der Prüfprozess ist geeignet

Nach Bosch Heft 10 [15] (Fleiss Kappa)

$\kappa \geq 0{,}9$: Der Prüfprozess ist geeignet

$\kappa \geq 0{,}7$: Der Prüfprozess ist bedingt geeignet

In allen anderen Fällen gilt der Prüfprozess als nicht geeignet.

Fleiss Kappa pro Prüfer

Prüfer	k	k	SEk	Z	P
Prüfer A	0,880	0 0,7 0,9	0,0816	10,78	0,000
Prüfer B	0,923	0 0,7 0,9	0,0816	11,30	0,000
Prüfer C	0,775	0 0,7 0,9	0,0816	9,488	0,000
Alle Prüfe	0,859	0 0,7 0,9	0,0471	18,23	0,000

Fleiss Kappa Prüfer gegen Referenz

Prüfer	k	k	SEk	Z	P
Prüfer A	0,760	0 0,7 0,9	0,0816	9,308	0,000
Prüfer B	0,845	0 0,7 0,9	0,0816	10,35	0,000
Prüfer C	0,703	0 0,7 0,9	0,0816	8,609	0,000
Alle Prüfer	0,794	0 0,7 0,9	0,0236	33,67	0,000

Fleiss Kappa Gesamtbeurteilung

Teilnr.	A 050 332 MSA	Teilebez.	Deckel
Merkm.Nr.	15	Merkm.Bez.	Oberflächengüte

		Bewertungskategorie
Anzahl Referenzteile	50	0 / nicht in Ordnung 1 / in Ordnung
Anzahl Prüfer	3	
Anzahl Prüfdurchläufe	3	
Anzahl Referenzmessungen	1	
Anzahl Bewertungskategorien	2	

$Kappa_{min}$ = k_{min} = 0,7029 (0 0,7 0,9)

Prüfsystem bedingt fähig (k_{Fl})

BOSCH 2012 - MSA: Type 7 Compatibility Mode

Abb. 4-59: Beurteilung nach Fleiss Kappa

Methode der Signalerkennung:

1. Schritt:

Bestimmen Sie für 50 Werkstücke mit einem Messsystem bekannter Messunsicherheit U die Referenzwerte. Die Referenzwerte der gewählten 50 Werkstücke müssen mindestens die Merkmalstoleranz T ± U überdecken, sinnvollerweise aber auch den Bereich außerhalb T, in dem Werkstücke zu erwarten sind.

2. Schritt:

Mindestens 2 Prüfer führen mindestens je 2 Prüfungen unter Wiederholbedingungen durch.

3. Schritt:

Die Ergebnisse werden in einer Tabelle nach den Referenzwerten aufsteigend sortiert.

4. Schritt:

Die Graubereiche an den Spezifikationen ergeben sich aus dem Abstand des letzten von allen Prüfern in allen Prüfungen angenommenen Teiles und des ersten von allen Prüfern in allen Prüfungen zurückgewiesenen Teiles und umgekehrt.

5. Schritt:

Der mittlere Graubereich ist der Schätzwert für GRR

$$GRR = \frac{d_1 + d_2}{2} = \overline{d} \qquad \%GRR = \frac{\overline{d}}{T} \cdot 100\%$$

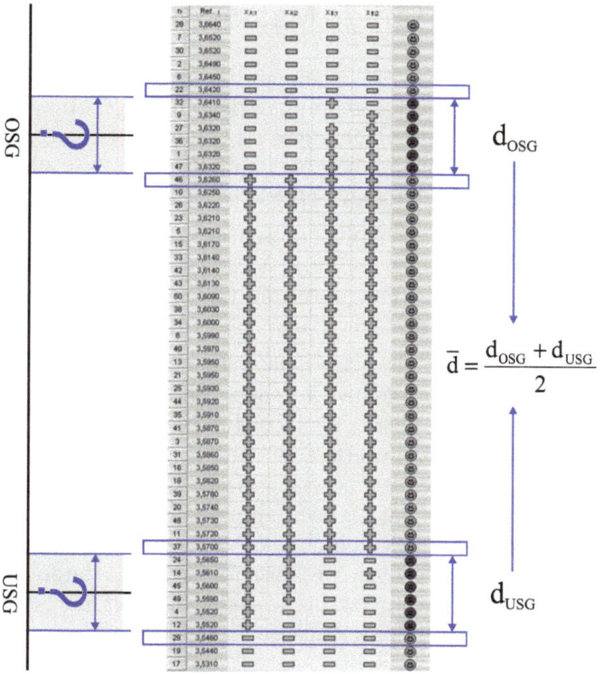

$$\%GRR = \frac{\bar{d}}{T} \cdot 100\%$$

Bewertung analog zu Verfahren 2:

bis 10%	fähig
bis 30%	bedingt fähig
über 30%	nicht fähig

Abb. 4-60: Signalerkennung

5 Nicht fähige Messsysteme

Hat das Messsystem bei einem Verfahren den Grenzwert für „fähig“ nicht erreicht, kann es nicht freigegeben werden. „Bedingt fähig“ gilt dabei nicht als „fähig“! Der Status „bedingt fähig“ kann allerding über eine Risikoanalyse zu einer vorläufigen zeitbegrenzten Freigabe führen.

Auswertestrategien ohne diesen Zwischenstatus „bedingt fähig“ können für nicht fähige Messsysteme natürlich auch eine Risikoanalyse erfordern und ggf. eine vorläufige Sonderfreigabe ermöglichen.

Grundsätzlich muss das Messsystem in diesen Fällen näher analysiert und Schwachstellen behoben werden. Teilweise sind unsaubere Versuchsdurchführungen Ursache von schlechten Kennwerten. Ist der Versuch korrekt durchgeführt, sind es häufig bereits einfache und kostengünstige Maßnahmen, die das Messverfahren verbessern. Die Erfahrung lehrt, dass vielfach nicht das Messgerät die Hauptursache für ein schlechtes Messsystem darstellt, sondern die Vielzahl der Einflussfaktoren. Daher ist auf deren Einschränkung besonderes Augenmerk zu legen.

Im Folgenden sind in vier Schritten Vorschläge aufgeführt, die zur Verbesserung des Messverfahrens beitragen sollen.

Ist das System nicht optimierbar, wird oftmals aus Kostengründen gegen die Neubeschaffung eines Messsystems argumentiert. Dabei dürfen die nicht unerheblichen Folgekosten keinesfalls aus dem Auge verloren werden, die beim Einsatz eines nicht fähigen Messverfahrens auf den Lieferanten von Produkten zukommen können.

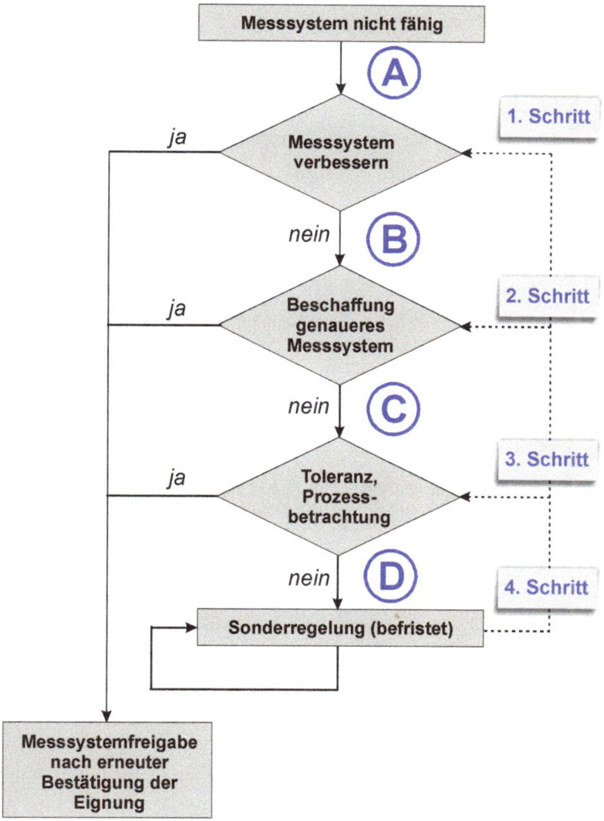

Abb. 5-1: Ablaufdiagramm bei „nicht fähigen Messsystemen"

1. Schritt:
Messsystem überprüfen, verbessern

- ▶ Messabweichung, Einstellnormale
  - Mess-, Spann-, Niederhaltekräfte
  - Messorte, Definition Messstellen
  - Aufnahmen, Fluchtung Prüfling, Messtaster
  - Antastelemente; Güte Einstellnormal(e) Führungen, Reibung, Verschleiß,
  - Positionierung, Verkippung Prüfling
  - Messablauf; Warmlaufphase, ...

- ▶ Messverfahren, -strategie
  - Bezugselement, Basis für Aufnahme
  - Messgeschwindigkeit, Einschwingzeiten
  - Mehrpunktmessungen bzw. Scannen anstatt Einzelmesswert, ...
  - Mittelwert aus Wiederholungsmessungen
  - Messtechnik-, Statistik-Software
  - Kalibrierkette, Einstellverfahren, ... (z.B. vor jeder Messung neu einstellen)

Notizen zu Optimierungsmöglichkeiten an eigenen Messsystemen

- Umgebungsbedingungen
  - Erschütterungen, Schwingungen
  - Staub, Ölnebel, Zugluft, Feuchtigkeit
  - Temperaturschwankungen
  - Elektrische Störungen, Spannungsspitzen
  - Energieschwankungen (Luft, Strom,..)
  -
- Prüfling
  - Sauberkeit, Waschrückstände
  - Oberflächenbeschaffenheit, Grate
  - Formfehler, Bezugsbasis
  - Materialeigenschaften
  - Temperaturkoeffizient, ...
  -
- Bediener
  - Eingewiesen, geschult
  - Sorgfalt, Handhabung
  - Sauberkeit, (Hautreste, Handfett,...)
  - Wärmeübertragung, ...

Notizen zu Optimierungsmöglichkeiten an eigenen Messsystemen

2. Schritt:

Genaueres Messsystem beschaffen

Mögliche Maßnahmen :

- Auflösung verbessern
- Lineare Systeme einsetzen
- Absolut messende Systeme bevorzugen (digital inkremental anstatt analog induktiv)
- Robuste Messeinrichtung (Lagerungen, Führungen, Messhebel, Übertragungselemente,...)
- Bedienerunabhängige Messeinrichtung
- Neue (berührungslose) Messverfahren, ...

3. Schritt:

Merkmals-, Toleranz-, Prozessbetrachtung

Mögliche Maßnahmen:

- Merkmal auf Funktionsabhängigkeit überprüfen (ggf. neues Merkmal definieren z.B. Dichtheit anstelle Rundheit)
- 100% verlesen mit reduzierten Toleranzen
- Auswirkungen auf Prozessregelung und Prozessfähigkeit berücksichtigen
- Toleranz anpassen (statistische Tolerierung; Toleranz und Prozessstreuung gegenüberstellen; Toleranzehrlichkeit!) – Abstimmung mit Fertigungsplanung, Produktion, Qualitätssicherung, Entwicklung, Kunde

4. Schritt: Sonderregelung

- Zusätzliche Absicherung (z.B. Stabilitätsüberwachung, zusätzlicher Regelkreis, genaueres Messmittel im Feinmessraum, Funktionsabsicherung, -überprüfung)
- Zeitlich befristete Sonderregelung treffen – Abstimmung mit Messtechnikexperten, Fertigungsplanung, Produktion, Qualitätssicherung, Entwicklung, Kunde
- Regelung z.B. jährlich neu bewerten gemäß Schritt 1 bis 4 und ggf. Regelung überarbeiten bzw. für weitere Zeitspanne bestätigen.

Eigene Notizen

Überlegungen zur bedingten Freigabe

Eine bedingte Freigabe von Messsystemen kann aus Lieferantensicht von den nachfolgend beschriebenen Überlegungen begleitet sein. Die hier beispielhaft genannten Grenzen und Bewertungen sind angelehnt an [15] und sollten als Vorschlag aufgefasst und den eigenen Bedingungen angepasst werden.

- Welche Indizes (C_g/C_{gk}/%GRR) hat das Messsystem erreicht?
  - Kennzahl F1
- Welche Auswirkungen hat eine Fehlentscheidung aufgrund einer Fehlmessung für den Kunden?
  - Kennzahl F2
- Welche Auswirkungen hat eine Fehlentscheidung aufgrund einer Fehlmessung für den Lieferanten?
  - Kennzahl F3
- Anhand des Produkts $F_P = F_1 \cdot F_2 \cdot F_3$ wird nun eine Bewertung nach durchgeführt.

C_g/C_{gk}	%GRR (GW: Grenzwert)	Kennzahl F1
1,33 ... 1,20	GW ... GW + 10%	1
1,20 ... 0,80	GW + 10%... GW + 20%	2
kleiner 0,80	GW + 20%	7

Auswirkung	Kennzahl F2 / F3
Keine	1
Vernachlässigbar	2
Gering	3
Sonstige	7 (keine Freigabe)

Produkt $F_P = F_1 \cdot F_2 \cdot F_3$	Entscheidung
$F_p \leq 2$	Freigabe mit Auflage. Regelmäßige Prüfung, ob eine Verbesserung des Messprozesses möglich ist.
$3 \leq F_p \leq 6$	Freigabe mit Auflage. Regelmäßige Prüfung, ob eine Verbesserung des Messprozesses möglich ist. Nachweis der Wirksamkeit von Maßnahmen zur Vermeidung der Fehlerfolgen.
$F_p \geq 7$	Keine Freigabe

Abb. 5-2: Ermittlung der Kennzahlen der Risikoanalyse

6 Anhang

6.1 Literatur

[1] ***A.I.A.G; Chrysler Corporation, Ford Motor Co., General Motors Corp.***
Measurement Systems Analysis, Core Tools (Reference Manual), 4. Auflage. Michigan, USA, 2010.

[2] ***Dietrich, E. / Schulze, A.***
Statistische Verfahren zur Maschinen- und Prozessqualifikation. 7., aktualisierte Auflage. Carl Hanser Verlag, München, 2014.

[3] ***Dietrich, E. / Schulze, A.***
Richtlinien zur Beurteilung von Messsystemen und Prozessen, Abnahme von Fertigungseinrichtungen.
Carl Hanser Verlag, München, 1998.

[4] ***Dietrich, E. / Schulze, A.***
Eignungsnachweis von Prüfprozessen. 4., überarbeitete Auflage. Carl Hanser Verlag, München, 2014.

[5] ***DIN - Deutsches Institut für Normung***
DIN EN ISO 10012: Ausgabe:2004-03
Messmanagementsysteme – Anforderungen an Messprozesse und Messmittel (ISO 10012:2003); Beuth Verlag, Berlin, 2004.

[6] ***DIN - Deutsches Institut für Normung***
DIN EN ISO 14253-1
Geometrische Produktspezifikation (GPS) – Prüfung von Werkstücken und Messgeräten durch Messen –Teil 1: Entscheidungsregeln für den Nachweis von Konformität oder Nichtkonformität mit Spezifikationen (ISO 14253-1:2013); Beuth Verlag, Berlin, 2013.

[7] ***DIN - Deutsches Institut für Normung***
Leitfaden zur Angabe der Unsicherheit bei Messen (GUM) – DIN V ENV 13005. Beuth Verlag, Berlin, 1999.
Entspricht ISO/IEC Guide 98-3:2008-09. Messunsicherheit - Teil 3.

[8] ***DIN - Deutsches Institut für Normung***
DIN EN ISO 9000-2005: Qualitätsmanagementsysteme – Grundlagen und Begriffe. Beuth Verlag, Berlin, 2005.

[9] ***DIN - Deutsches Institut für Normung***
Internationales Wörterbuch der Metrologie (VIM).
ISO/IEC-Leitfaden 99:2007. Korrigierte Fassung, 4. Auflage.
Beuth Verlag, Berlin, 2012.

[10] ***DIN - Deutsches Institut für Normung***
ISO/TS 16949, Qualitätsmanagementsysteme – Besondere Anforderungen bei Anwendung von ISO 9001:2008 für die Serien- und Ersatzteil-Produktion in der Automobilindustrie.
Beuth Verlag, Berlin, 2009.

[11] ***DIN - Deutsches Institut für Normung***
ISO 26303, Machine tools - Short-term capability evaluation of machining processes on metal-cutting machine tools.
Beuth Verlag, Berlin, 2012.

[12] ***Ford Motor Co.***
PTP07-015 Control of Inspection, Measuring and Test Equipment.
PTS02-081 Gauging Application Specification. Detroit 2012/2013.

[13] ***General Motors Corp. - GM Powertrain***
SP-Q-MMS Measurement Systems Specification, Version G2.0.
Detroit, 2010.

[14] ***Q-DAS® GmbH***
Leitfaden der Automobilindustrie zum "Fähigkeitsnachweis von Messsystemen". Weinheim, September 2002.

[15] ***Robert Bosch GmbH***
Schriftenreihe „Qualitätssicherung in der Bosch-Gruppe“.
10. Fähigkeit von Mess- und Prüfprozessen. Stuttgart, 2010.

[16] ***VDA - Verband der Automobilindustrie***
VDA Band 5: Prüfprozesseignung. 2 Aufl., VDA Frankfurt, 2011.

[17] ***Volkswagen AG - Audi AG***
VW 101 19 - Prüfprozesseignung. 2012.

[18] ***Wheeler, D.J.***
Problems with Gauge R&R Studies. Quality Digest, Januar 2011.

6.2 Abkürzungen

ANOVA	(Varianzanalyse) **An**alysis **o**f **Va**riance
ARM	Mittelwert-Spannweiten-Methode (**A**verage **R**ange **M**ethod)
AV	Vergleichpräzision (Reproducibility / **A**ppraiser **V**ariation)
%AV	Vergleichpräzision (Reproducibility / **A**ppraiser **V**ariation) in % bezogen auf die Bezugsgröße (RF)
B_{Eob}, B_{Eun}	Konstanten zur Berechnung der Eingriffsgrenzen der Streuungskarte
Bi	Systematische Messabweichung
%Bi	Systematische Messabweichung (**Bi**as) in % bezogen auf die Bezugsgröße (RF) Die systematische Messabweichung wird häufig als Genauigkeit bezeichnet. In der ISO 10012 ist aber der Begriff “Genauigkeit” als qualitativer Begriff definiert. Daher wird in dieser Richtlinie die Differenz zwischen dem beobachteten Mittelwert $\overline{x}_g$ und dem “richtigen Wert” x_m mit systematischer Messabweichung bezeichnet.
C_g	Potential Messsystem (**g**age potential index)
C_{gk}	Fähigkeitsindex Messsystem (**g**age **c**apability index) Verfahren 1
EV	Wiederholpräzision (Repeatability – **E**quipment **V**ariation) Messsystem
%EV	Wiederholpräzision (Repeatability – **E**quipment

	Variation) Messsystem in % bezogen auf die Bezugsgröße (RF)
F_1, F_2, F_3	Kennzahlen der Risikoanalyse zur Sonderfreigabe
F_P	Produkt der Kennzahlen der Risikoanalyse
GRR	**G**age **R**epeatability and **R**eproducibility
%GRR	GRR in % bezogen auf die Bezugsgröße (RF)
k	Anzahl der Prüfer (operators)
K_1, K_2, K_3	Faktoren für ARM, die von der Anzahl der Prüfer, Wiederholungen und Teile abhängt
κ	Eignungsindex zur Bewertung attributiver Prüfsysteme
n	Anzahl der Teile (**n**umber of parts)
ndc	number of distinct categories (Anzahl unterscheidbarer Messwertklassen, „effektive Auflösung")
OEG	**O**bere **E**ingriffs**g**renze
OSG	**O**bere **S**pezifikations**g**renze
P_E, P_{Exp}	Wahrscheinlichkeit der zu erwartenden Übereinstimmungen (Kappa)
P_O, P_{Obs}	Wahrscheinlichkeit der beobachteten Übereinstimmungen (Kappa)
QRK	Qualitätsregelkarte
r	Anzahl der Messwertreihen pro Prüfer
$\bar{\bar{R}}$	Mittelwert der mittleren Spannweiten

$\overline{R}$	mittlere Spannweite
R_p	Spannweite der Mittelwerte $\overline{x}_{pi}$ der Teile
RE	Auflösung (**Re**solution) des Messsystems
%RE	Auflösung (**Re**solution) des Messsystems in %
RF	Bezugsgröße (**R**eference **F**igure), z.B. Prozeßtoleranz, Prozeßstreuung, Toleranz, Klassentoleranz
s_g	Standardabweichung einer mit einem Messsystem am Normal erfaßten Messreihe
T	Toleranz
U	erweiterte Mess**u**nsicherheit
%U	**U**nsicherheit in % bezogen auf die Bezugsgröße (RF)
UEG	**U**ntere **E**ingriffs**g**renze
USG	**U**ntere **S**pezifikations **G**renze
$\overline{x}_g$	Mittelwert einer, mit einem Messsystem am Normal erfaßten, Messwertreihe
x_i	Einzelwerte einer Messwertreihe
x_m	Referenzwert (**m**aster, Normal) entspricht dem „richtigen" bzw. „vereinbarten wahren" Wert
$(x_m)_i$	Referenzwert des Normals i
$\overline{x}_{pi}$	Mittelwert des i-ten Teils bei Verfahren 2 und 3
x-Karte	Einzelwertkarte